Mais que fait donc ce gendarme dans mon jardin ?

100 clés pour comprendre les petites bêtes du jardin

Dans la même collection

Pourrons-nous survivre sans OGM ?
60 clés pour comprendre les biotechnologies végétales
Georges Pelletier et Yvette Dattée, 2014, 144 p.

Une mer propre, mission impossible ?
70 clés pour comprendre les déchets en mer
François Galgani, Isabelle Poitou et Laurent Colasse, 2013, 176 p.

Le sel pousse-t-il au soleil ?
120 clés pour comprendre le sel
Pierre Laszlo, 2012, 128 p.

Un crapaud peut-il détecter un séisme ?
90 clés pour comprendre les séismes et tsunamis
Louis et Hélène Géli, 2012, 176 p.

Le tout bio est-il possible ?
90 clés pour comprendre l'agriculture biologique
Bernard Le Buanec, 2012, 240 p.

Les poissons d'élevage sont-ils stressés ?
80 clés pour comprendre l'aquaculture
Michel Girin, 2012, 144 p.

Où les papillons passent-ils l'hiver ?
100 clés pour comprendre les papillons
Patrice Leraut, 2012, 144 p.

Éditions Quæ
RD 10
78026 Versailles Cedex, France

ISBN : 978-2-7592-2122-6
ISSN : 2261-3188

Patrice Leraut

Mais que fait donc ce gendarme dans mon jardin ?

100 clés pour comprendre les petites bêtes du jardin

Éditions Quæ

Table des matières

Introduction

Jardiniers, jardinières,
Enfants sages ou « hyperactifs »,
Bobos des villes ou écolos des campagnes,
Accros des insecticides ou poètes naturalistes,
Ce livre est pour vous...

La jardinière et le jardinier, lassés de voir les laitues flétrir et les rosiers envahis par les pucerons et autres ravageurs, malgré des doses létales de substances chimiques pour éradiquer les fautifs, aimeraient au moins savoir à quoi ils ressemblent.
Les enfants, qui adorent voir les escargots en baver et les vers se tortiller sur le sol, aimeraient bien les prendre dans la main si on leur disait que ça ne mord pas.
Les bobos, qui bichonnent un pur jardin biologique sur le balcon, et les écolos, qui ont fait interdire l'accès à la réserve naturelle, voudraient peut-être savoir à quoi ressemblent les petites bêtes qui perturbent leurs barbecues.
Les pros des désherbants (car toutes ces herbes folles « ça fait sale »..), et les poètes, dont les vers louent la nature, voudraient sans doute « prendre un ver », si on leur montrait à quoi il ressemble au juste...
Car c'est un fait avéré, un jardin – même le plus exigu – héberge tout un petit peuple qui se cache le plus souvent pour surgir quand on ne s'y attend pas, ou qu'on ne voit jamais, mais dont les traces attestent la présence.
Insectes terrés dans les mottes ou cachés dans le feuillage, lombrics qui se tortillent quand on remue la terre, limaces et escargots qui sortent sous la pluie au grand plaisir des merles, araignées sous les pots de fleurs, cloportes empressés de se cacher à l'abri du soleil, papillons apparus avec un rayon de soleil et qui butinent activement les fleurs de nos parterres...

Le présent ouvrage propose un tour d'horizon des questions que l'on se pose ou peut se poser lorsqu'on s'intéresse au petit peuple des jardins. Ceux-ci sont divers, tant par leur taille et leur aménagement, que par leur localisation géographique, et les animaux qui les fréquentent le sont tout autant.

Il n'est question ici que des plus petites bêtes (excepté toutefois les microscopiques), les plus méconnues, car mammifères, oiseaux et batraciens, par exemple, sont d'ordinaire plus familiers du grand public, de nombreux ouvrages leur ayant été dédiés. Ce livre n'est pas non plus un énième traité de jardinage, même si les interactions entre les petites bêtes et les cultures sont évidentes (notamment dans la décomposition des détritus organiques). Plutôt que d'indiquer comment les éradiquer, ou au contraire, comme les attirer, il est avant tout proposé ici d'apprendre à les connaître, notamment en combattant les préjugés dont ils pâtissent le plus souvent.

On expliquera notamment les liens et interactions qu'ils peuvent avoir entre eux, avec le sol et les cultures, les raisons de leur présence ou au contraire de leur absence.

Mais avant d'aborder notre sujet, il est proposé ici un pense-bête – pas si bête ! – de quelques-uns des principaux prédateurs du jardin.

Doté de 5 000 à 7 000 piquants (creux) sur le dos, **le hérisson** (*Erinaceus europaeus*) adulte et sa hérissonne parcourent le jardin dès le crépuscule, à la recherche de baies, d'insectes, d'escargots et autres vers, mais parfois aussi de batraciens et de rongeurs, s'aidant de leur ouïe fine et de leur odorat. En cas de nécessité, ils n'hésitent pas à se rabattre sur la nourriture du chat – ce qui « hérisse » ce dernier !

Ce petit prédateur qu'est **la taupe** (*Talpa europaea*) se nourrit de vers et de limaces, ce qui est bien utile pour l'aération du sol et l'élimination des larves destructrices, mais le jardinier ne voit le plus souvent dans les taupinières qu'un désagrément.

L'orvet (*Anguis fragilis*) doit son nom savant au fait que, comme ses cousins les lézards, il pratique l'autotomie (perte volontaire de sa « queue » pour échapper à un prédateur). Il fréquente les parties ombragées et humides du jardin, pour s'y nourrir de vers, limaces et même d'araignées, se cachant souvent sous des plaques de tôles ou de vieilles planches. Souvent, ce saurien hiverne dans le compost, mais le jardinier en poste n'en sait rien.

Le crapaud commun (*Bufo bufo*), à la peau pustuleuse vert olive à roussâtre, n'est pas le plus bel animal du jardin. Ce

batracien nocturne très utile au jardinier se repaît de toutes les petites bêtes qui passent à sa portée : vers, chenilles, mille-pattes, mouches, cloportes. Est-ce en raison de ce régime peut ragoûtant que se yeux se ferment et rentrent dans sa tête tandis qu'il avale ?
Le jardinier n'est pas le seul à s'intéresser au gratin des coquillettes (petits escargots !) qui apparaissent après la pluie, **la grive musicienne** (*Turdus philomelos*) n'hésite pas à casser la « croûte » de ces mollusques mollassons.
En hiver, **le rouge-gorge** (*Erithacus rubecula*) est l'un des petits oiseaux les plus familiers du jardin, et même du jardinier, puisque le passereau s'approche quand il bêche et exhume du sol les vers et autres larves qui constituent sa nourriture. Sans territoire, le rouge-gorge voit sa survie menacée, et l'on comprend que lorsqu'un intrus exhibe son plastron rouge, le petit propriétaire du jardin voie rouge.
Plus petite qu'un pigeon, **la chouette chevêche** (*Athene noctua*) affectionne les vergers anciens et autres bâtiments offrant des creux pour nicher. Elle chasse les insectes en soirée et les petits rongeurs en pleine nuit, mais il lui arrive aussi de s'attaquer de jour à de petits oiseaux. Du fait qu'elle consomme volontiers des hannetons, elle est utile au jardinier ; du reste, elle est partout protégée en France, ce qui est vraiment chouette !

Les petites bêtes, c'est tout bête...

1 Combien de familles de petites bêtes peuvent être présentes dans mon jardin ?

Pour répondre à cette question, il faut déjà préciser ce qu'est une famille au sens zoologique du terme.
L'unité de base dans la classification est l'espèce, ce qui se comprend aisément, les espèces se révèlent présenter quelques affinités entre elles. Aussi les regroupe-t-on en genres, lesquels sont fondés sur la présence d'un certain nombre de caractères en commun. Ainsi, le chat sauvage (*Felis silvestris*) (et sa sous-espèce le chat domestique) est l'un des éléments du genre *Felis*, lequel regroupe également le chaus (*Felis chaus*), le chat des sables (*Felis margarita*) et le chat à pattes noires (*Felis nigripes*), tous étant de petits félins à la morphologie spécifique.
Les genres présentent à leur tour des caractéristiques communes qui justifient l'existence d'entités de rang taxinomique supérieur – c'est le cas de la famille. Ainsi, le genre *Felis* est notamment regroupé avec les genres *Leopardus*, *Lynx*, mais aussi *Puma* et *Panthera* (lions, tigres et panthères).

Digne représentant du genre *Felis* en pleine chasse... Chat perché, souris cachées !

Ce qui peut paraître évident pour des animaux évolués de grande taille l'est beaucoup moins pour des insectes ou des lombrics qui semblent à peu près tous pareils, mais les différences sont tout aussi importantes et presque tous les groupes peuvent être représentés par de nombreuses familles.
Ainsi, les papillons (lépidoptères, y compris les plus petites et obscures espèces nocturnes) présents dans le jardin peuvent appartenir à une vingtaine d'espèces, et les mouches et moucherons sont issus du double de familles. D'autres ordres d'insectes, comme les coléoptères, les hémiptères et les hyménoptères présentent une diversité analogue.
La diversité est semblable chez les mollusques et les vers, on peut donc estimer à environ deux cents le nombre de familles d'animaux potentiellement représentées...

2 Combien d'espèces y sont cachées ?

Précisons tout de suite que le nombre d'espèces d'animaux présents est différent du nombre de spécimens observés : lors de pullulations, en effet, on voit beaucoup de bêtes, mais elles appartiennent toutes à la même espèce.

Cela dit, tout dépend de trois facteurs : la taille du jardin, sa situation, et la manière dont il est aménagé. Un jardin exigu orné de fleurs et d'arbustes exotiques (comme ceux fréquemment plantés dans les « espaces verts » a peu de chances d'héberger une grande biodiversité. On y trouve d'ordinaire toujours à peu près les mêmes espèces – opportunistes et peu exigeantes. Un grand jardin mêlant cultures potagères, fleurs, haies et espaces laissés sans trop d'interventions, a toutes les chances de recéler une belle biodiversité. Mais un jardin essentiellement ombragé risque de contenir moins d'espèces que s'il est bien exposé au soleil (une légère pente exposée au sud-ouest est excellente, par exemple), quoique l'absence de haies et autres coupe-vent peut s'avérer défavorable aux cultures et dans une moindre mesure aux animaux du jardin.

En revanche, le facteur déterminant pour la biodiversité d'un jardin est la façon dont celui-ci est aménagé. Une pelouse traitée aux désherbants sélectifs, des cultures saturées de pesticides et d'engrais, même sur une grande surface, n'hébergent presque rien. Tandis qu'un « mouchoir de poche » non traité, où fleurs et autres plantes indigènes sont les bienvenues, recèle parfois une quantité étonnante d'espèces imprévisibles.

Forficule ou perce-oreille, c'est bien pareil !

De plus, le moment de l'année concerné est aussi un facteur important. En hiver, par fort gel ou sous la neige, la végétation est au point mort, et nombre d'espèces on quitté les lieux, sont mortes ou hivernent à un stade particulier en attendant la belle saison.
À la fin du printemps, en revanche, tandis que les jours sont les plus longs et qu'il fait en principe chaud, la végétation est à son optimum et la plupart des résidents du jardin sont actifs. Notons toutefois que les éventuelles fortes chaleurs, voire les canicules, sont défavorables à l'activité et la reproduction de nombreux organismes, même si d'éventuels migrateurs des pays chauds profitent des masses d'air chaud pour investir nos régions.

3 Le bac à compost est-il le point chaud du jardin ?

Dans les bacs à compost, où chaleur, humidité et nourriture sont permanents, une foule de petits organismes sont attirés. Mais d'abord, quelle est au juste cette matière ?
Le compostage, largement pratiqué dans les jardins, est un processus biologique de conversion des déchets organiques dégradés en présence de l'oxygène de l'air en une matière semblable à du terreau. Ces déchets subissent d'abord une dégradation aérobie à l'état de compost frais – décomposition de la matière organique fraîche à haute température (50 °à 70 °C) sous l'action de bactéries – puis se transforment en compost riche en humus à une température plus basse (35 °à 45 °C) qui mène à la biosynthèse de composés humiques par des champignons. D'un point de vue pratique, l'efficacité du compostage est corrélée à la présence de microbes, à un pH, à une humidité et à une aération adéquats.
L'abondance de nourriture, la chaleur permanente (même en hiver où le compost fume) et une humidité à peu près constante favorisent nombre de micro-organismes, notamment des insectes.
C'est le cas de nombreux « moucherons » (diptères) qui recherchent ce type de substance et s'y développent souvent à grande vitesse (en quelques semaines). Dans la nature, ces moucherons se rencontrent d'une manière sporadique sur différentes substances en décomposition (feuilles pourrissantes, champignons en décomposition, excréments divers). De plus gros diptères, comme le bibion des jardins *Bibio hortulanus* (Linnaeus), se développent parfois dans les tas de compost.

Les larves de ces diptères sont à leur tour les proies de certains insectes, comme les coléoptères de la famille des staphylins. Ces derniers, très habiles et le plus souvent ailés, apparaissent souvent en grand nombre le soir, aux abords du compost. En vol, du fait qu'ils ont le plus souvent deux ou trois millimètres de long, ils évoquent des petits moucherons et passent le plus souvent inaperçus. Un grand nombre d'espèces et de spécimens peuvent peupler un bac de compost ! On peut mentionner de gros coléoptères qui s'y développent (et contribuent utilement à l'élaboration du compost) : la cétoine dorée *Cetonia aurata* (Linnaeus), dont la grosse larve blanchâtre est comprimée latéralement (celle du hanneton, absente du compost, est jaunâtre), le rhinocéros *Oryctes nasicornis* (Linnaeus), dont l'énorme larve peut atteindre jusqu'à 6 cm de long !

Tous les jardiniers devraient avoir leur bac !

Par ailleurs, des insectes encore plus discrets et plus petits peuvent se développer à la base du tas de compost, surtout s'il est déjà ancien.
Ainsi, l'un de nos collègues du Muséum n'a-t-il pas récemment récolté par le tamisage de la terre à la base du tas de compost du jardin plusieurs espèces de coléoptères « endogés » (c'est-à-dire vivant entièrement dans le sol), jusqu'alors à peine connus de la région Île-de-France !

4 Peut-on découvrir de nouvelles espèces dans son jardin ?

Forêts « vierges » (primaires pour les initiés), steppes de Mongolie et autres confins du monde, tels sont les sites où aujourd'hui un chercheur est censé découvrir l'inconnu. Là-bas, tel Darwin sur le *Beagle* salué par les Fuégiens, on l'imagine, intrépide, traquant mammifères palmés, oiseaux paradisiaques et autres créatures improbables...
Pourtant, de nos jours encore, si les forêts d'Amazonie et de l'Extrême-Orient regorgent d'espèces non décrites (et qui

risquent de disparaître avant d'avoir été répertoriées), des régions bien plus connues recèlent encore des nouveautés qui attendent le spécialiste avisé.

De fait, plus on se rapproche de la « civilisation », des cultures et des habitations, moins on a de chances de découvrir des nouveautés. Ainsi, la plaine de la Beauce (par ailleurs non dépourvue de charmes) et l'agglomération parisienne sont très pauvres en espèces – même les plus banales peuvent y faire défaut.

Mais l'expérience révèle que le moindre site épargné héberge souvent un nombre imprévisible d'animaux de petite taille. Vergers à l'abandon, friches, parcs privés, terrains militaires, cimetières (!) et autres sites improbables voient se nicher des petites bêtes, pas si bêtes, qui savent tirer parti des lieux.

Ainsi, il y a peu de temps, j'ai moi-même trouvé dans les jardins du Muséum d'histoire naturelle de Paris plusieurs espèces (285 !) de papillons de nuit, pour certaines considérées comme disparues depuis longtemps d'Île-de-France, ou qui n'avaient encore jamais été mentionnées. Plusieurs migrateurs exotiques ont été signalés en France dans ce jardin, et la redoutable mineuse du marronnier *Cameraria ohridella* (Deschka et Dimic) y a été observée dès 2000, avant de se répandre dans toute la France. Plus encore, le spécialiste des diptères des années 1980 y a trouvé une espèce nouvelle pour la science !

De plus, les plantes ornementales d'origine exogène, très appréciées dans les petits jardins des villes peuvent introduire (contre la volonté de celui qui les plante) des espèces connues ou encore inconnues susceptibles de proliférer...
Nul ne peut prétendre qu'aucun insecte migrateur exotique ne viendra pas, au moins passagèrement, s'installer dans son jardin. Alors, vigilance...

5 Que font toutes ces petites bêtes qui nagent dans ma piscine ?

C'est un fait avéré que les réservoirs d'eau de pluie et les piscines en plein air on tôt fait d'être recouvertes en quelques jours de petites bêtes à la surface de l'eau en été. Pourtant, l'eau est toujours un peu chlorée et ne semble pas propice à leur développement... En fait, deux types de petites bêtes se rencontrent. Celles manifestement attirées par l'eau, et celles tombées par mégarde (soufflées par le vent, par exemple).
Parmi les espèces attirées par l'eau, on peut noter les abeilles et les guêpes venues récupérer de l'eau pour l'élaboration du carton qui constitue les parois de leur nid. Il n'est donc pas rare que des baigneurs soient piqués en s'accrochant à la margelle pour sortir de l'eau, à l'endroit où une abeille était posée !
Les libellules, toujours à la recherche de nouveaux points d'eau pour pondre, peuvent aussi s'en approcher, de même que des coléoptères (dytiques, Dystiscidae) ou des hémiptères (notonectes, Notonectidae) aquatiques.
En ce qui concerne les espèces tombées par inadvertance, un nombre très varié de petits coléoptères, diptères et autres insectes volants de petite taille, peuvent se rencontrer parmi les bribes de végétaux soufflées par le vent.
Les réservoirs d'eau accueillent parfois des petites bêtes qui s'y développent, lorsqu'ils restent un temps sans emploi. Les moustiques, en particulier, ne sont pas les plus désirés.
Les jardins dotés d'une mare, surtout si elle est assez grande, peuvent héberger une petite faune variée d'organismes aquatiques, quelques mollusques et un certain nombre d'insectes vivant sinon assez loin dans les étangs ou les cours d'eau.
C'est le cas, par exemple, des phryganes (Trichoptera) dont plusieurs espèces arrivent à se développer si la mare contient des plantes aquatiques ou des feuilles mortes (sous les arbres). *Grammotaulius atomarius* (Fabricius) (Limnephilidae), par exemple,

est une assez grande espèce beige jaunâtre dont la larve forme un fourreau de végétaux dans les mares et les fossés.

Quelques libellules, comme la libellule déprimée *Platetrum depressum* (Linnaeus) (Libellulidae), parviennent à se développer dans les mares, jusqu'en ville. Cette grande et belle espèce au vol très rapide se perche près de l'eau. Le mâle adulte exhibe des taches bleues sur l'abdomen, celles de la femelle sont jaunes.

Quelques éphémères peu exigeantes, comme le petit *Cleon dipterum* (Linnaeus) (Baetidae) jaune à deux queues, se développent sans problème dans les mares, mais aussi les fossés et les réservoirs.

Grosse larve de dytique affamée

6 Voulez-vous « faire la lumière » sur les petites bêtes du jardin ?

Si on ne vient dans son jardin que pour le « strict nécessaire » : tondre la pelouse, tailler les haies, arroser et planter quelques choux, pourvu que le temps le permette, il est probable qu'on n'aura qu'une idée très approximative de la biodiversité de son jardin (même s'il est petit et martyrisé par les insecticides)...

Comme déjà indiqué à plusieurs reprises dans cet ouvrage, il existe divers moyens pour attirer ou simplement dénicher les petites bêtes, mais une technique particulière permet de découvrir certaines espèces cachées durant la journée. Il s'agit tout simplement des pièges lumineux.

Cette méthode est surtout employée par les amateurs de papillons de nuit (lépidoptéristes). Nous ne faisons pas ici allusion à un éclairage permanent à proscrire absolument car il participerait au « défaunage » de l'endroit, puisque les chauves-souris la nuit, puis les oiseaux au matin, se régaleraient des espèces ainsi attirées.

Il faut utiliser une ampoule à vapeurs de mercure (ne la regarder en aucun cas quand elle est allumée ou mettre des lunettes filtrantes) derrière laquelle est disposé un « drap » blanc. À la bonne saison, un nombre impressionnant d'insectes, surtout des papillons de nuit, sont attirés, ce qui permet de se faire une idée de la biodiversité du jardin (même si des petites bêtes des jardins voisins peuvent venir aussi !). Généralement, deux heures suffisent pour que ce piège soit efficace.

Ne pas s'étonner cependant si, certaines nuits, il ne vient pratiquement rien à la lumière : les conditions sont défavorables pour le vol de ces insectes, même si nous estimons que les conditions sont idéales (la pleine lune, par exemple, fait une redoutable concurrence à notre éclairage)...

En complément de ce type d'investigation, on peut également pratiquer des « miellées ». Il s'agit du badigeonnage d'une mixture mielleuse à base de confiture, de bière et d'un peu d'épaississant comme de la farine (les Anciens ajoutaient du rhum), et qu'on a au préalable laissé fermenter dans une jatte (ne pas la fermer hermétiquement car elle risquerait d'exploser à cause des gaz !). On étend ce produit avec un pinceau sur les troncs d'arbres (pommiers, tilleuls, notamment) durant la journée, et la miellée attire les papillons de nuit plusieurs jours. Le soir venu, armé d'une torche dont la lumière est atténuée avec du crépon rouge, on découvre ainsi les lépidoptères en train de pomper le breuvage (qui finit par les saouler). La bonne période est la fin de l'été et l'automne. Avec cette même torche, on peut inspecter les fleurs de lierre en septembre où de nombreuses noctuelles aux yeux brillants butinent !

7 Collemboles et diploures, ce sont vraiment les plus petits ?

Parmi les êtres vivants les plus petits observables à l'œil nu dans le jardin, collemboles et diploures côtoient les acariens. Les collemboles sont classés parmi les insectes les plus primitifs. Le plus souvent de couleur terne, du fait qu'ils vivent dans le sol ou la litière, la plupart font en moyenne 2 à 3 mm de long, et de nombreuses espèces atteignent moins d'un millimètre. Le corps (parfois recouvert d'écailles ou de soies plumeuses) est composé de la tête, du thorax (trois segments) et de l'abdomen (six segments maximum, parfois soudés).

Trois petits collemboles caracolent utilement dans le jardin !

Dotés d'ocelles, ils n'ont pas d'yeux composés (comme ceux des mouches ou des papillons), leurs pièces buccales de type broyeur ou suceur sont ordinairement cachées dans la capsule céphalique (la tête).
Fait singulier, les collemboles sautent grâce à un organe que les autres insectes n'ont pas, la furcula (ou *furca*, nom latin de la fourche) qui, tendue comme un ressort et libéré brusquement, propulse l'animal en avant. Ils présentent également un organe ventral, le tube ventral, aux fonctions diverses.
Les collemboles sont avant tout des habitants du sol où ils sont grégaires, mais on en rencontre sur les rochers, sur l'eau des mares, sur la neige et dans les grottes. Du fait qu'ils broutent les hyphes et les spores des champignons, qu'ils consomment

bactéries, algues et matières en décomposition, ils participent à la circulation des nutriments du sol et à la régulation de sa microflore, empêchant par exemple l'expansion de champignons pathogènes responsables de la fonte du semis. Ils sont donc très utiles dans le jardin. Quelques espèces se nourrissent de feuillage ou de racines, certaines étant même carnivores (les nématodes sont parmi leurs proies).

Encore moins connus que les collemboles, les diploures (Diplura), sont des insectes archaïques de couleur diaphane à blanc. Pourtant, certaines espèces ne sont pas rares dans le jardin, comme le campode fragile *Campodea fragilis* Meinert (Campodeidae), où elles se développent dans le compost. Ces insectes sans ailes, ni yeux, dotés de cerques (parfois longs), ont des pièces buccales cachées dans la capsule céphalique. Ils vivent dans la litière et sous les pierres, certaines espèces vivant même dans les grottes. Détritiphages ou prédateurs, ils participent activement à la décomposition de la matière organique et sont donc très utiles...

Voir aussi la question 3

8 Criquets, sauterelles et grillons, pourquoi y en a-t-il si peu dans le jardin ?

Les orthoptères (sauterelles, criquets et grillons) sont assez peu représentés dans les jardins. Cela tient surtout au fait que ces insectes vivent dans les hautes herbes, les buissons et les pelouses naturelles et sont, le plus souvent, absents du jardin. Toutefois, on y observe parfois quelques espèces spectaculaires. La courtilière *Gryllotalpa gryllotalpa* (Linnaeus) (Gryllidae) est en fait un très gros grillon aux pattes antérieures fouisseuses (c'est pour ça qu'on l'a aussi nommée « grillon-taupe »). Comme elle vit dans des galeries souterraines, ses pattes antérieures fouisseuses lui sont indispensables, et elle préfère les terrains meubles plutôt sablonneux et frais où elle se nourrit de racines, de bulbes, de vers et de larves. Les ailes antérieures (tegmina) son courtes, et les postérieures, assez longues, sont repliées. Fait surprenant, cet animal nocturne d'apparence est capable de voler, pourvu que le temps soit doux. On voit rarement la courtilière, sinon en déplaçant des objets au sol sous lesquels passent ses galeries. Du fait qu'elle rogne les racines, il lui arrive d'occasionner des dégâts aux cultures (mais elle s'est beaucoup raréfiée dans les jardins récemment). Oiseaux et petits mammifères s'en nourrissent.

Une courtilière, ici hors de son repaire souterrain !

La grande sauterelle verte *Tettigonia viridissima* (Linnaeus) (Tettigoniidae) peut se rencontrer dans les grands jardins où des buissons et des hautes herbes peuvent l'accueillir. Cette grande sauterelle de 30 à 40 mm de long est reconnaissable, outre par sa couleur presque uniformément verte, à ses très longues antennes, à ses ailes bien développées et, chez la femelle, à son très long oviscapte (20 mm). Cette espèce consomme végétaux et proies (chenilles par exemple), et elle peut mordre si on la saisit… Elle se tient d'ordinaire dans les buissons en terrain découvert, où elle marche et saute, mais vole aussi parfois. D'activité à la fois diurne et nocturne, elle émet une stridulation très sonore.

Dans les serres chauffées, on trouve parfois la sauterelle des serres *Diestrammena asynamorus* (Adelung) (Rhaphidophoridae), sauterelle aptère brun clair aux très longues antennes qui occasionne parfois des dégâts en pullulant.

Enfin, le grillon d'Italie *Oecanthus pellucens* (Scopoli) (Gryllidae), au corps étroit et plat et aux pattes de sauterelle, se répand actuellement dans les friches et s'installe parfois dans les jardins.

9 J'ai trouvé des petits papillons à ailes plumeuses. Sont-ils abîmés ?

Le lépidoptère sans doute le plus commun dans les jardins et à leurs abords est probablement le ptérophore commun *Emmelina monodactyla* (Linnaeus, 1758) (Pterophoridae), dont la chenille se développe sur divers liserons (Convolvulaceae) et chénopodes (Amaranthaceae), plantes banales dans les jardins.

Ce petit papillon nocturne brun à beige clair de 20 mm d'envergure passe très facilement inaperçu, du fait qu'au repos il évoque davantage une tipule, voire un moustique, qu'un lépidoptère. En effet, ses ailes postérieures découpées naturellement en trois plumes sont cachées sous l'antérieure fendue en deux. Du fait qu'il hiverne et sort au moindre redoux, il peut voler pratiquement toute l'année. Durant la journée, il se tient d'ordinaire sur les murs, pas loin en somme de ses plantes-hôtes.

Appartenant à la même famille que l'espèce précédente, le ptérophore blanc (ou alucite pentadactyle) (*Pterophorus pentadactyla* (Linnaeus) est tout blanc. Ses belles ailes plumeuses – deux plumes aux antérieures, trois aux postérieures – sont parfaitement caractéristiques. Ce petit papillon nocturne fréquente les haies où sa chenille se développe sur le liseron, et où il n'est pas difficile de l'y trouver de mai à septembre (en deux générations).

Parmi les espèces aux ailes naturellement découpées en plumes, l'ornéode du chèvrefeuille *Alucita hexadactyla* (Linnaeus) (Alucitidae) est encore plus original. En effet, chaque aile comporte six plumes, même si au repos celles-ci sont resserrées et invisibles en conséquence. Ce petit lépidoptère de 14 à 16 mm d'envergure se rencontre dans les lieux où croissent des chèvrefeuilles, plantes-hôtes de l'espèce et où la chenille mine le parenchyme (la « chair ») des feuilles. Cette espèce hiverne et on l'observe parfois dans les cabanons en hiver.

24 plumes pour cet ornéode...

De nombreux autres tout petits lépidoptères ont les ailes qui évoquent des plumes : très étroites et frangées de longues soies, c'est le cas, par exemple, des coléophores (*Coleophora*) mais il n'y a qu'une seule plume par aile (c'est l'aile elle-même). D'une manière générale, plus l'aile est étroite, plus longues sont les soies.

10 Quels sont ces petits fourreaux que j'observe sur les murs et les troncs ?

En y regardant de près, surtout en mai-juin, on peut observer des structures étranges évoquant des escargots à coquille très étroite mais sans volutes distinctes : il s'agit probablement de fourreaux de chenilles de lépidoptères.

Bizarrerie de la nature, en effet, certains insectes ont appris à confectionner des fourreaux pour abriter leurs larves durant leurs déplacements. Chez les coléoptères, de nombreuses larves de chrysomèles se déplacent dans un fourreau constitué d'excréments. Ainsi, quand on est averti, on peut observer ces petites structures sur les lis du jardin (dues à la chrysomèle du lis *Lilioceris lilii* (Scopoli).

Mais où va se fourrer ce fourreau ?

Chez les lépidoptères, les fourreaux sont faits de matériaux divers, souvent des fragments de paille tissés avec des fils de soie. Chaque espèce bâtit souvent une structure qui lui est propre. Deux familles principales pratiquent ces constructions, les Psychidae et les Coleophoridae.

Les psychés (Psychidae) sont des papillons singuliers aux ailes hyalines et grisâtres (dans nos régions), et dont les femelles sont souvent dépourvues d'aile et même parfois apodes.

La psyché chaste *Psyche casta* (Pallas) est un petit insecte insignifiant, noirâtre, de 12 à 15 mm d'envergure, et qui vole en mai-juin. D'activité diurne, il vole au soleil le matin de bonne heure, et après l'accouplement et la ponte (le tout en une ou deux journées) les adultes meurent généralement. Cette espèce passe donc facilement inaperçue mais dans le jardin, sur un mur ou un tronc, on peut observer les fourreaux des chenilles ; ceux-ci, sont à base de fragments de tiges de graminées disposés parallèlement à l'axe du corps. Les chenilles se nourrissent de graminées et du feuillage de divers arbres. Elles fixent généralement leur fourreau sur les murs avant de se nymphoser.

Sur des supports analogues, on observe aussi de tout petits fourreaux à base de lichen et de sable en forme de petite corne. Les chenilles se nourrissent principalement d'algues et de lichens. Il s'agit des *Luffia* (*L. lapidella* [Goeze] et *L. ferchaultella* [Stephens]) dont la caractéristique principale réside dans le fait que les femelles inaptes au vol se reproduisent parfois par parthénogenèse...

Petits papillons dont chaque aile évoque une plume, les coléophores (Coleophoridae) ont des chenilles qui élaborent des fourreaux de structures très variées (à base de matériaux divers et de soie) pour protéger leurs chenilles en partie mineuses, et qui évoquent ainsi des épines ou d'autres structures végétales !

11 Acariens, cynips, cécidomyies, quelle différence ?

Plusieurs bêtes de petite à très petite taille sont susceptibles de produire des galles et autres excroissances sur le feuillage des plantes basses et des arbres et arbustes des jardins. Il est donc intéressant de savoir à quel type appartiennent les responsables de ces structures plutôt indésirables.
Les trois groupes concernés sont des arthropodes, mais la convergence s'arrête là.
Les acariens (Acari) sont pour la plupart minuscules et leur corps n'est pas segmenté. Si l'on s'intéresse aux espèces gallicoles, on note la profusion de galles sur les arbres du jardin et des parcs. Les érinoses sont en particulier fréquentes : les feuilles attaquées acquièrent de petites galles saillantes à la face supérieure, tandis que la face inférieure se recouvre d'un feutrage caractéristique à base de poils hypertrophiés abritant adultes, larves et œufs. On connaît notamment une érinose de la vigne – due à *Colomerus vitis* (Pagenstecher) – et une du poirier – due au phytopte du poirier *Eriophyes pyri* (Pagenstecher).

Gare au bédégar !

Les cynips Hymenoptera (Cynipidae) sont des petits insectes dont les ailes ont une nervation réduite, et qui sont dotés de générations sexuées alternant avec des asexuées. Leurs larves vivent généralement à l'intérieur de galles végétales qui se développent une fois que la femelle a pondu dans le tissu végétal. Ces galles ont une seule chambre (uniloculaires) ou plusieurs (pluriloculaires). Certaines espèces préfèrent occuper les galles des autres mais, d'une manière générale, il est plus facile d'identifier une espèce par la structure de sa galle que par l'examen des insectes adultes !

Feuilles, tiges, racines sont touchées, et les galles évoquent tour à tour des billes, des clous ou des genres d'ananas. Dans nos régions, le chêne porte une étonnante variété de galles sur son feuillage, mais le bédégar du rosier, causé par le cynips du rosier *Diplolepis rosae* (Linnaeus), est l'une des galles les plus spectaculaires du jardin...

Les cécidomyies (Diptera, Cecidomyiidae) sont de tout petits diptères dont les ailes ont une nervation très réduite. Les femelles de ces moucherons pondent sur leur plante-hôte, provoquant l'apparition de petites galles dans lesquelles las larves se développent. C'est le cas, par exemple, de la cécidomyie du tilleul *Contarinia tiliarum* (Kieffer) qui forme de petites galles pluriloculaires dures et globuleuses sur le pétiole, la hampe florale ou les jeunes pousses des tilleuls des jardins.

Voir aussi la question 33

12 Le poisson d'argent : un insecte qui s'ignore ?

Il n'est point besoin de disposer de plan d'eau dans son jardin, car il n'est pas rare que certains courent sur les murs, et jusque dans les maisons. Vous l'aurez compris, il s'agit des poissons d'argent, ou lépismes (Lepismatidae) (Insecta, Zygentoma). Ces insectes longtemps classés dans l'ordre hétérogène des thysanoures (Thysanura) sont très archaïques (parfois sortis de cette classe), n'ont ni ailes, ni yeux à facettes. Dépourvus également de métamorphoses, ils se développent par mues successives, conservant toujours à peu près le même aspect. Le corps fait en moyenne 10 à 15 mm de long, il est plat et recouvert d'écailles, et l'abdomen est terminé par trois longs appendices filiformes (deux cerques et un épiprocte).

Essentiellement nocturnes, ils se développent pour la plupart dans la litière forestière, mais peuplent aussi les habitations et

Gros plan sur un poisson d'argent

leurs abords où ils sortent prestement la nuit, surtout dans les lieux humides. Leur nourriture est essentiellement à base de détritus divers d'origine organique, tels que moisissures, vieilles étoffes, poils, restes d'insectes…

Ils fréquentent volontiers les salles de bain, mais aussi les bibliothèques où le papier des vieux livres les intéresse. Le poisson d'argent *Lepisma saccharina* (Linnaeus) (Lepismatidae) est l'espèce la plus commune dans les jardins et les habitations.

La thermobie *Thermobia domestica* (Packard) est une autre espèce des abords des habitations. Ses pattes sont plus longues que chez l'espèce précédente, et elle présente une pilosité nette. Sa reproduction peut être très rapide et il y a plusieurs générations par an. Elle recherche à la fois chaleur et humidité (ce qui semble indiquer son origine tropicale) et se cantonne d'ordinaire aux abords du chauffage (elle apprécie donc les boulangeries), se délectant de farine, de colle de reliure et d'aliments pour animaux domestiques…

Ctenolepisma ciliata (Dufour), aux antennes et aux cerques nettement plus longs, fréquente les habitations et leurs abords ; il s'agit d'une espèce liée à l'activité humaine dont l'origine est méridionale. *Ctenolepisma lineata* (Fabricius) est proche et également présent dans les habitations, il se distingue notamment par les rayures longitudinales de son corps.

Les *Dilta* (Microcoryphia, ou Archaeognatha, Machilidae) évoquent également les lépismes, mais s'en distinguent, entre autres, à leurs gros yeux rectangulaires. Ils se rencontrent sur le sol ou sur les murs.

13 L'ortie : une plante qui ne manque pas de piquant, n'est-ce pas ?

On a coutume d'affirmer qu'une chose qui n'a plus de valeur est bonne à jeter aux orties, ce qui semble signifier que ces dernières ne valent pas grand-chose. Pourtant, outre qu'on peut faire des soupes avec leurs jeunes pousses, et qu'on applique désormais du purin d'orties comme engrais et comme anti-pucerons, les orties (notamment *Urtica dioica*) poussant si facilement quand le terrain leur convient, hébergent une faune d'insectes non négligeable.

Aussi, si l'on veut préserver un coin de biodiversité dans son jardin, l'ortie est une plante intéressante.

Plusieurs vanesses (papillons de jour, Nymphalidae) se développent dessus. C'est le cas, par exemple, du paon du jour *Aglais io* (Linnaeus), l'un des plus beaux et des moins exigeants des lépidoptères diurnes de nos régions. Chaque aile exhibe un bel ocelle centré de bleu et cerné de blanc sur fond pourpre, tandis que le recto est sépia, ce qui permet au papillon de « disparaître » dans son environnement quand il resserre ses ailes. Sa chenille noire hérissée de structures épineuses (non vulnérantes) se développe sur l'ortie, partageant ainsi son domaine avec quelques autres vanesses, dont la petite tortue *Aglais urticae* (Linnaeus) et le robert-le-diable *Polygonia c-album* (Linnaeus), qui vit également sur l'orme et le houblon.

Côté papillons de nuit, plusieurs espèces communes consomment également cette plante. L'hypène proscidale (un nom qui

Crêtes et cuivres : voilà la plusie vert-doré...

ne s'invente pas !), ou noctuelle à museau *Hypena proboscidalis* (Linnaeus) (Erebidae) est commune près des orties. Sa chenille verte aux soies épaisses se développe et se chrysalide sur cette plante. Le papillon dispose ses ailes en toit au-dessus du corps au repos à la façon des phalènes (Geometridae), mais son long « museau » (palpes labiaux) l'en distingue.

La plusie vert-doré *Diachrysia chrysitis* (Linnaeus) (Noctuidae), aux ailes antérieures vert-doré à reflets métalliques, vit aussi sur l'ortie et d'autres plantes herbacées. C'est un genre de petit bijou volant à préserver dans le jardin !

Enfin, deux belles pyrales (Crambidae) vivent aussi sur l'ortie – la pyrale de l'ortie Anania hortulata (Linnaeus), joliment ornée de blanc, de noir et de jaune – et la pyrale opaline Pleuroptya ruralis (Scopoli), aux reflets étonnamment nacrés (également sur houblon).

Plusieurs coléoptères, dont le charançon *Phyllobius urticae* (DeGeer) (Curculionidae), se développent également sur les orties…

14 Pourquoi les champignons attirent-ils des petites bêtes ?

Ce matin, depuis trois jours qu'il pleut, l'herbe a encore grandi et c'est gênant car je ne peux pas la tondre. En revanche, une poussée brusque de champignons blancs a attiré mon attention. Pas question que j'y touche, car je n'y connais rien, mais mon voisin Durant (le père du petit Nicolas), qui est un as dans le domaine, m'a affirmé qu'ils étaient très bons, ce sont des coprins chevelus (*Coprinus comatus*). Hélas, en m'apprêtant à les cueillir en rentrant du travail, ils étaient déjà tout noirs et coulants. Ceux-là ne risquent donc pas d'attirer des insectes, ni même des limaces, car ils ont disparu avant la moindre attaque…

En revanche, les champignons de souche du vieux saule bordant la mare se sont révélés être pleins de petits insectes. Il s'agit de polypores soufrés *Laetiporus sulphureus*, m'a-t-on dit, et les petites bêtes sont des *Eledona agricola* (Herbst). En fait, le moindre polypore héberge potentiellement une foule d'insectes, diptères, coléoptères, quelques lépidoptères aussi. Les champignons plus tendres sont souvent les mets préférés des limaces, et en automne on le constate souvent en ramassant des cèpes… Et il ne faut pas oublier que dans le Midi la présence de certaines mouches particulières permet de déceler la présence des truffes !

Il pousse lentement, inutile d'appuyer sur le champignon...

Les lichens des murs et des troncs (association de champignons et d'algues, il ne faut pas l'oublier) attirent également quelques insectes spécialisés. C'est, par exemple, le cas des écailles (lépidoptères, Erebidae), comme la lithosie quadrille *Lithosa quadra* (Linnaeus), la lithosie plombée *Eilema lurideola* (Zincken), ou l'écaille éborine *Cybosia mesomella* (Linnaeus).

Les excréments des petits mammifères (de renards, par exemple) peuvent attirer des petits coléoptères nécrophages, comme les sylphes, scarabées, staphylins ; de même que les petits cadavres (ceux de hérissons, de souris, ou même des escargots écrasés) attirent des insectes nécrophages, comme les diptères et les coléoptères.

Enfin, les nids hébergent toutes sortes de petites bêtes, dont des diptères parasites des oiseaux et de nombreux insectes qui se développent dans la litière (plumes et poils).

Vers divers, araignées et autres mille-pattes...

15 Assez ou pas assez de crustacés ?

Les crustacés, on le voit chez le poissonnier, sont des bêtes essentiellement marines. Il est vrai que certains crabes montent aux arbres sous certains tropiques, mais c'est loin d'ici. Oui, les « puces d'eau » ou daphnies (Branchiopoda, Diplostracés) et les gammares (*Gammarus*) (Amphipoda, Gammaridae) de nos rivières sont aussi des crustacés, mais les premiers sont des organismes du zooplancton d'eau douce, de très bons indicateurs de la qualité de cette eau, et ne quittent pas leur élément (sauf dans les laboratoires qui les étudient assidûment !), tout comme les gammares d'ailleurs...

Pourtant, certains crustacés sont omniprésents dans les jardins, sous la forme des vulgaires cloportes (Malacostracés, Isopoda)... Ce sont les seuls crustacés terrestres, dotés d'un exosquelette rigide articulé.

Le cloporte commun *Armadillidium vulgare* (Latreille) (Armadillidiidae) porte bien son nom car on peut le rencontrer presque partout en vastes colonies, pourvu qu'il y ait de l'ombre (il est lucifuge et nocturne) et de l'humidité disponibles. Le dessous des pots de fleurs, des pierres ou d'autres objets posés à même le sol (il aime bien les vieilles planches) lui sont favorables. Quand on le met à découvert, cet isopode cuirassé et peu mobile se rue vers l'ombre la plus proche. C'est une question de survie, car au soleil il a tôt fait de se dessécher (36 °C lui est fatal), et il craint aussi le gel (– 2 °C est la température la plus basse qu'il supporte) ! Mais il peut aussi se replier en boule (chez certaines espèces seulement) quand on l'inquiète : cette volvation est également pratiquée par des diplopodes (Myriapoda) du genre *Glomeris*. Ce cloporte, restreint aux terrains calcaires, se nourrit essentiellement de matières organiques en décomposition, plantes basses, lichens, algues.

Le cloporte : petit blindé léger du jardin

Une fois par mois, chaque cloporte mue, et cela toute sa vie (deux à trois années) : la moitié postérieure de la vieille carapace est perdue en premier, puis le lendemain la partie antérieure est éliminée. Les jeunes, qui ressemblent d'emblée aux adultes, n'ont que six paires de pattes avant le première mue, tandis que la septième apparaît ensuite.

Fait étonnant, le cloporte commun vit en symbiose avec une bactérie du genre *Wolbachia* dont l'action semble complexe.

Le cloporte commun est originaire d'Europe, surtout de Méditerranée, mais il a été introduit dans de nombreuses régions du monde.

Parmi ses prédateurs, on compte de petits mammifères, des reptiles et des batraciens, ainsi que la dysdère armée (Dysderidae), redoutable araignée dévoreuse de cloportes grâce à ses longues chélicères. La mouche *Rhinophora lepida* (Meigen) (Rhinophoridae) est un parasite de cette espèce, de même que certains nématodes.

Très varié, l'ordre des isopodes (Isopoda) regroupe quelque 10 000 espèces en 100 familles dans le monde (le plus grand fait 50 cm de long !). On connaît des espèces détritiphages, phytophages, carnivores, cavernicoles, parasites et commensales : *Platyarthrus hoffmannseggii* Brandt est un petit cloporte (4 mm) étroitement associé aux fourmilières des fourmis du genre *Lasius* en région méditerranéenne, et dont il rogne les détritus. Certaines espèces sont aquatiques, y compris en eau douce (cas des aselles). Plus de 160 espèces sont connues en France, plusieurs pouvant se partager le jardin, comme *Porcellio scaber* Latreille (Porcellionidae) et *Oniscus asellus* Linnaeus (Oniscidae).

16 Cette grosse limace va-t-elle dévorer mes salades ?

L'étude des limaces est décidément complexe pour qui n'en est pas un spécialiste, pourtant, loches et limaces se promènent, semble-t-il, tranquillement dans le potager après la pluie, et rien n'est plus simple que de reconnaître une limace bien rouge ou une loche toute grise…

Pourtant, si l'on consulte les ouvrages de détermination un peu anciens ou les sites internet mal informés, on constate que sous le nom d'*Arion ater* (Linnaeus) (Arionidae) sont présentées des limaces noires, rouges, rosâtres et brunes, les sujets rouges étant parfois associés à la sous-espèce *rufus* Linnaeus. En fait, quelques dizaines d'espèces de ce genre, de couleur variable et de biologie distincte, existent dans nos régions. Ainsi, on peut distinguer la loche noire, ou grande limace noire *Arion ater* (Linnaeus) et la limace rouge *Arion rufus* (Linnaeus) qui, outre une couleur généralement distincte, présente des caractères morphologiques (genitalia) différents.

Si la limace rouge reste bien présente dans les lieux boisés ou humides, elle tend désormais à être supplantée dans les jardins par la limace espagnole *Arion vulgaris* (Moquin-Tandon), parfois rouge, originaire du Midi mais présente jusque dans la péninsule scandinave. Cette grande limace de 7 à 15 cm de long de couleur variable (gris-vert à rouge) est introduite accidentellement à l'état d'œuf avec des végétaux ; très active, elle a tôt fait de supplanter la limace rousse. Elle préfère les matières organiques en décomposition mais dévore aussi le feuillage. Cette espèce est devenue récemment une invasive en Amérique du Nord.

La limace-léopard (limace cendrée, grande loche grise, grande limace cendrée ou grande limace grise) *Limax maximus* (Linnaeus) est une grande espèce tigrée de la famille des Limacides qui n'est pas loin des 15 cm de long. De couleur variable

Splendide limace-léopard, tigre du potager !

blanc grisâtre à brun clair, voire rose vineux, son manteau est toujours maculé de noir, et elle présente des alignements de taches noires formant des bandes longitudinales, ce qui, vu sa grande taille, la rend aisée à reconnaître. Cette limace recherche les lieux humides, jusque dans les bois et les jardins ; nocturne, elle se tient durant la journée sous les pierres et autres lieux frais et humides. Peu exigeante, elle consomme aussi bien de vieux champignons et du bois pourri que de la mousse ou des feuilles fanées. Malgré sa grande taille, elle n'est pas connue pour occasionner de gros dégâts dans les jardins (où elle affectionne les coffrets à compost !). Originaire d'Europe, elle a été introduite sur tous les continents.

La limace des jardins *Arion hortensis* de Férussac n'atteint que 4 cm de long. De forme cylindrique, brun noirâtre à rougeâtre, elle est fréquente dans les jardins où elle laisse les traces brillantes de son mucus visqueux en se déplaçant. Nocturne, elle consomme le feuillage, surtout des jeunes plantules, les racines, les tubercules et les fruits, ce qui en fait parfois un ravageur redouté (surtout par temps humide). Carabes, oiseaux, hérissons et musaraignes se chargent de limiter les effectifs. Le binage gène beaucoup ces limaces, de même que la sciure de bois qui entrave leur déplacements. Des pièges posés sur le sol (planches et autres tuiles) leurs servent de refuges et on a plus qu'à les « cueillir » ensuite...

17 Petites limaces, gros dégâts ?

Plusieurs petites limaces de couleur terne se rencontrent dans le jardin, notamment dans le potager. Parmi celles-ci, la petite limace grise (ou loche) *Deroceras reticulatum* (Muller) (Agriolimacidae) n'est pas rare. De 40 à 60 mm de long à maturité, elle est en fait de couleur variable, blanc crème à café au lait clair, exceptionnellement maculée de noirâtre, et à l'arrière du manteau, des macules foncées dessinent une réticulation. Il existe en fait plusieurs espèces proches qu'on ne peut distinguer que par l'examen des genitalia (une affaire de spécialistes !).

Cette limace est presque exclusivement restreinte aux zones cultivées, prairies, talus, parcs et jardins, et elle manque dans les forêts. Nocturne, elle se cache durant la journée sous une pierre ou dans la litière, et sort la nuit pour s'attaquer au feuillage, aux fruits, aux graines, mai aussi aux parties souterraines des végétaux. Quand le temps reste humide, elle peut faire de gros dégâts dans les jardins (de pommes de terre, salsifis, fraisiers, etc.) et en horticulture, d'autant qu'elle est susceptible de transmettre des agents infectieux aux plantes.

Par chance, cette espèce ne résiste pas au gel et périt en hiver. Parmi ses prédateurs naturels, on compte essentiellement des carabes et des carabiques (Carabidae), dont le carabe doré *Carabus auratus* (Linnaeus), le carabe des prés *Carabus nemoralis* (Müller), *Poecilus cupreus* (Linnaeus) et *Nebria brevicollis* (Fabricius).

Petite limace grise, ou loche, commune dans le jardin…

Cette espèce originaire d'Europe, et considérée comme synanthropique est désormais répertoriée sur presque tous les continents (jusqu'en Nouvelle-Zélande).

Tout un arsenal de produits pour éradiquer cette limace existent dans le commerce, dont des granulés qui provoquent la déshydratation accélérée de ce malheureux mollusque ou qui lui coupent l'appétit (elle périt donc). Il faut absolument éviter les produits qui tuent, certes les limaces, mais les rendent ainsi toxiques pour leurs prédateurs naturels, comme le hérisson… On propose aussi des nématodes endoparasites de limaces (*Phasmarhabditis hermaphrodita*) qui sont pour le coup très efficaces.

Les traditionnels pièges à la bière sont également très efficaces, mais attention, si la bière est alcoolisée, les hérissons complètement saouls et sans réaction sont la proie facile des prédateurs et des voitures !

18 Mais d'où sortent tous ces escargots quand il pleut ?

695 espèces de mollusques non marins vivent en France, parmi eux, le plus gros est terrestre, c'est évidemment l'escargot de Bourgogne *Helix pomatia* (Linnaeus) (Helicidae), peu fréquent dans les jardins, mais qu'on trouve cependant quand le terrain est calcaire à proximité de friches. Avec 40 à 55 mm de diamètre pour un poids d'une quarantaine de grammes, ce solide animal apparaît après la pluie dans les lieux herbus. Sa récolte est règlementée (interdite d'avril à fin juin, les petits sujets devant être épargnés), et les « bourgognes » sont vendus dans le commerce. Attention aux risques de confusion avec les achatines *Achatina fulica* (Férussac) (Achatinidae) exotiques, moins savoureux, qui viennent souvent de Grèce et d'Europe centrale (où l'héliciculture est largement pratiquée). Cet animal est essentiellement herbivore mais ne néglige pas les détritus, il ne peut se développer qu'en terrain calcaire, substance nécessaire à la sécrétion de la coquille. Malgré sa grande taille, il n'est pas connu pour occasionner des dégâts dans les jardins.

Plus petit, mais bien plus fréquent dans les jardins, le petit-gris *Cornu aspersum* (O. F. Müller) – nommé également escargot des vignes – apparaît en soirée ou après la pluie. Sinon, il se tient dans les lieux sombres de préférence humides, sous les pots de fleurs, au pied des murs, dans les buis ou sous les pierres.

La coquille du petit-gris atteint environ 40 mm de diamètre à maturité, brun clair à brun-jaune, elle présente une à cinq bandes spirales, et son aspect est ridé. Il se

Gros gris dans un pâté de campagne...

nourrit de diverses matières organiques fraîches sur et dans le sol (feuilles, fruits, racines), et on le craint quelque peu pour ses dégâts car il peut éradiquer en peu de temps tout un plant de salades. Cependant, il apprécie beaucoup les orties. Un peu moins estimé, mais quand même recherché et élevé, le petit-gris est consommé en Europe, où sa récolte (« cueillette ») est réglementée. Si l'on désire en ramasser pour les consommer, il faut évidemment éviter les terrains pollués car ils pourraient être toxiques ! En échappant aux prédateurs, cet escargot peut vivre jusqu'à 5 ans, tandis que l'escargot de Bourgogne peut atteindre (exceptionnellement) 20 ans…
Le gros gris *Cornu aspersa maxima* (Taylor) est une sous-espèce d'Afrique du Nord du petit-gris qui a été introduit en Europe en raison de sa plus grande taille (40 à 45 mm), et élevé par les héliciculteurs.

19 Quels sont ces escargots en pyjamas rayés ?

Non consommés, moins gros, mais parfois plus beaux ou plus bizarres, certains escargots ne sont pas rares dans les jardins. L'escargot des jardins *Cepaea hortensis* (O. F. Müller) (Helicidae) n'est pas spécialement lié aux jardins, car son habitat varié comprend les lisières, les bois, les haies et les prairies (localement les dunes), mais il n'est pas rare près des habitations, parfois jusque dans les jardins des villes. Sa jolie coquille est essentiellement jaune, avec des bandes spirales brunes et un péristome (bord renflé de la coquille) de couleur claire, mais une foule de formes ont été décrites : nombre plus important de bandes, confluence de celles-ci, ou régression parfois totale (forme *lutea* Picard). On connaît des formes toutes blanches, brun olivacé (forme *olivacea* Taylor), noires, saumonées (forme *incarnata* Picard), etc.

Pour écrire Cepaea, évitez les « coquilles » !

À peu près dans les mêmes biotopes, bien qu'il supporte mieux le froid et s'élève davantage en altitude, l'escargot des bois *Cepaea nemoralis* (Linnaeus), nettement plus grand, a une ornementation typiquement plus marquée, son péristome étant normalement brun-noir, mais sa coquille est fort variée, sa couleur allant du roussâtre, au brunâtre, au jaune et même au blanc (avec ou sans bandes) et on le confond facilement avec l'escargot des jardins.

En régions montagneuses, vit une espèce proche *Cepaea sylvatica* (Draparnaud), peu conique, avec des stries d'accroissement grossières et la partie supérieure des bandes spirales discontinues. Merles et grives – notamment la grive musicienne *Turdus philomelos* (Brehm) – consomment une grande quantité de ces malheureux escargots ! Les hérissons s'en nourrissent également : ils les trouvent au début de la nuit quand les mollusques sortent...

20 Vous avez dit escargots poilus, à odeur d'ail et limaces à coquille ?

Plusieurs limaces et escargots de nos jardins méritent qu'on prenne le temps de les étudier de plus près, tant pour leur morphologie que pour leur biologie.

Plusieurs escargots sont tout petits et, à bien des égards, sont plus originaux que les gros gastropodes.

Il n'y a pas que les vers pour être luisants, certains escargots le sont aussi !

La veloutée commune *Trochulus hispidus* (Linnaeus, 1758) (Hygromiidae) est un étonnant petit escargot, car sa coquille – qui atteint 7 à 9 mm de diamètre – est très distinctement poilue ! On rencontre souvent cette espèce étrange dans les jardins, mais aussi dans les prairies et les forêts. Elle s'y attarde souvent en automne.

Le bouton *Discus rotundatus* (O. F. Müller, 1774) (Discidae) est un minuscule escargot de 3 à 7 mm de haut dont la coquille dentelée est brun jaunâtre avec des bandes rougeâtres. Il s'accommode du moindre recoin où il consomme des résidus de végétaux.

Le grand luisant *Oxychilus draparnaudi* (Beck) (Zonitidae) est un autre petit escargot susceptible de fréquenter le jardin, sa coquille brun-jaune clair est plus pâle en dessous, elle atteint 11 à 16 mm de diamètre, et le corps est d'un bleu cobalt foncé. Cette espèce n'est pas rare dans les jardins et les friches. On l'observe sous les pierres ou dans la litière humide où elle dévore petites limaces et vers.

Le luisant aillé *Oxychilus alliarius* (Miller), plus petit, au corps bleu-gris, dégage une forte odeur d'ail quand on le manipule !

Parmi les bizarreries concernant les mollusques du jardin, on peut citer la testacelle commune *Testacella haliotidea* Draparnaud (Testacellidae). Il s'agit en effet d'une petite limace brun-jaune dotée d'un rudiment de coquille blanche ! Elle mène une vie essentiellement souterraine, elle pourchasse les gros lombrics qu'elle dévore tout crus (s'aidant de sa langue, la radula, très râpeuse)... Cette limace n'est donc pas nuisible. On ne la rencontre en France que dans le sud et le sud-ouest du pays, notamment dans les jardins et les parcs. *Testacella scutulum* Sowerby, de taille analogue et dans les mêmes biotopes, se distingue par une coquille davantage triangulaire et un peu rousse.

21 Quelles sont ces bêtes molles que j'ai trouvées dans ma serre ?

Fait singulier, les serres, et surtout celles chauffées, abritent le plus souvent une faunule regroupant des espèces de petits animaux inaptes à survivre hors de cet habitat sous nos latitudes. Nombre de petits mollusques terrestres, en particulier, peuvent s'y rencontrer.
Leur introduction involontaire a eu lieu *via* les plantes et le substrat qu'on y a apportés. Certaines espèces du terroir apprécient les serres lorsque le climat est momentanément défavorable. C'est le cas des limaces des genres *Arion* et *Deroceras*, et de la limace des caves *Limacus flavus* (Linnaeus) (Limacidae).
Cette dernière, nettement anthropophile, se rencontre

La limace des caves se rebiffe...

partout aux abords des habitations (caves, jardins, etc.). Avec 7 à 10 cm en expansion, elle a un corps généralement jaune tacheté de gris clair sans bandes longitudinales ; ses tentacules (« cornes ») sont bleu clair, son mucus est jaune.
Parmi les escargots, on peut citer le tout petit (5 à 7 mm) bouton commun *Discus rotundatus* (O. F. Müller), à la coquille très plate brun jaunâtre clair qui présente des bandes transversales brun-rouge bien nettes. Le grand luisant *Oxychilus draparnaudi* (Beck), et son cousin le luisant aillé *Oxychilus alliarius* (Miller) se rencontrent dans les serres également.
Mais il n'est pas rare que les serres chauffées hébergent aussi des espèces exotiques appréciant chaleur et humidité sans trop d'écarts de température, et auxquelles le mode de dissémination passive convient bien.
C'est le cas en particulier des escargots de la famille des Subulinidae (genres *Subulina* et *Opeas*) originaires d'Amérique et d'Afrique tropicales. Ces escargots ont une coquille étroite très allongée aux stries d'accroissement très nettes, il n'est pas rare que l'apex de la coquille soit tronqué à maturité.

22 Mille-pattes, que voulez-vous que j'en fasse ?

Le sous-phylum (sous-embranchement) des myriapodes (Myriapoda) – ou mille-pattes – regroupe de nombreux arthropodes répartis dans quatre classes : les Chilopoda ou centipèdes (scutigères, scolopendres, lithobies), les Diplopoda (iules, blaniules, gloméris), les Pauropoda et les Symphyla (scutigérelles).
Les diplopodes ont un corps composé de nombreux segments. Les quatre premiers portent une paire de pattes simple, les suivants sont fusionnés deux à deux et montrent de ce fait deux paires de pattes par segment (les chilopodes n'en ont qu'une). Ils ne possèdent pas de crochets venimeux comme ces derniers, leur régime alimentaire est végétarien et détritivore. Nocturnes ou lucifuges, ils vivent sous les pierres, dans le sol, dans le bois mort et en décomposition, et dans les endroits humides. Comme les vers de terre, mais moins profondément, les diplopodes contribuent à la formation de l'humus, forestier notamment, ainsi qu'à l'aération du sol et au brassage de ses couches superficielles et de la matière ligneuse en décomposition.
Une grande humidité et de la chaleur font sortir les iules de leurs caches obscures. Comme leur régime alimentaire est à

Scolopendre ceinturé : attention, il mord !

base de matière végétale en décomposition, ils font partie des décomposeurs et sont donc utiles. Si, sous les tropiques, certaines espèces atteignant les 20 cm sont venimeuses, les iules de nos régions sont inoffensifs. Inquiétés, ils s'enroulent et sécrètent une substance répulsive (benzoquinones et hydroquinones) qui laisse momentanément sur la peau des taches de couleur jaune orangé et parfois une odeur acide. Certaines personnes peuvent réagir à ces sécrétions momentanément, mais cela ne va pas plus loin.

Les gloméris sont des diplopodes plutôt trapus, au nombre de pattes restreint (sept paires). Ils vivent essentiellement dans la litière (souvent sous les souches) et peuvent se rencontrer dans les jardins boisés. Inquiétés, ils peuvent s'enrouler en boule comme certains cloportes, mais moins parfaitement.

Les chilopodes, ou centipèdes (Chilopoda) ont un corps également formé de nombreux segments, chacun d'eux porte une paire de pattes, excepté le premier où celles-ci sont modifiées en crochets à venin – ou forcipules. Ces animaux sont en effet prédateurs de divers autres arthropodes et de vers. Ils recherchent l'ombre et l'humidité. Tous sont terrestres et peu sortent de la litière (la scutigère circule pourtant en fin de soirée). Juste éclos de leur œuf, les jeunes ont la plupart du temps l'aspect d'un adulte en miniature, ou avec un nombre réduit de segments et de pattes. Les scutigères aux très longues pattes sont les plus gros chilopodes de nos régions. La scolopendre ceinturée (*Scolopendra cingulata* Latreille) (Scolopendridae) de la région méditerranéenne se nourrit de vers et d'insectes, et sa morsure peut être douloureuse (mais non dangereuse).

Les symphyles (Symphyla) évoquent de petits centipèdes translucides. Dépourvus d'yeux, ils utilisent leurs longues antennes pour se repérer. Ces arthropodes circulent prestement au travers des pores du sol, où ils s'enfoncent jusqu'à 50 cm de profondeur. Ils consomment des végétaux en décomposition mais apprécient aussi semences, racines et radicelles en terrain cultivé…

23 Lithobies, scutigérelles, amies ou ennemies du jardinier ?

Les scutigérelles, et plus particulièrement *Scutigerella immaculata* (Newport) (Scutigerellidae), sont de tout petits arthropodes blanc translucide, de 5 à 8 mm de long, et qui n'ont rien pour attirer *a priori* l'attention du jardinier. Pour les débusquer (si on suppose qu'il y en a), mettez une motte de terre dans une cuvette d'eau et ils remonteront vite à la surface…). Dotée de 12 paires de pattes, de longues antennes, et de 15 écussons dorsaux à angles arrondis, elle court dans les fissures et les légères cavités des sols meubles. Cette particularité lui permet de se maintenir dans les sols cultivés riches en microfissures et en vers de terre. La scutigérelle effectue des « migrations » entre la surface du sol et jusqu'à 50 cm de profondeur chaque jour, et la densité peut atteindre jusqu'à 600 spécimens au mètre carré… Du fait que cette espèce apprécie les racines et les graines, on comprend le souci qu'elle peut occasionner aux agriculteurs et aux maraîchers, et parfois aux jardiniers cultivant pommes de terre et betteraves. Le système racinaire du maïs peut ainsi être atrophié, voire éradiqué. Chaleur et humidité favorisent son expansion… Les dégâts dans les jardins étant généralement restreints, il faut renoncer à éradiquer ces animalcules qui participent de la biodiversité.

Le blaniule moucheté *Blaniulus guttulatus* (Fabricius) (Diplopoda, Blaniulidae) est un autre mille-pattes qui s'attaque aux semences et aux racines (mais aussi aux bulbes de tulipes et aux pommes de terre). Les adultes serpentiformes de

8 à 18 mm de long ont un corps formé d'une cinquantaine de segments dont la plupart ont deux courtes paires de pattes, les flancs étant ornés de petites macules rougeâtres.

Le polydesmus *Polydesmus angustus* (Latzel) (Polydesmidae) est également à l'origine de petits dégâts dans le jardin car il apprécie les racines et même les fraises, même si les feuilles mortes et les végétaux en décomposition font aussi son affaire. De 14 à 25 mm de long et avec 4 mm de large, son corps plat formé de 20 segments rugueux est brun rougeâtre. Dans l'ensemble, il évoque une larve de ver luisant.

Le polydesmus : un amateur de fraises...

Enfin, parmi les vrais iules (Iulidae), plusieurs espèces s'attaquent parfois aux plantes du jardin. C'est le cas, par exemple, du iule noir *Tachypodoiulus niger* (Leach) et du iule de Londres *Cylindroiulus londinensis* (Leach).

La lithobie à pinces *Lithobius fortificatus* (Linnaeus) (Lithobiidae) est un mille-pattes de 2 à 5 cm de long au corps formé de 18 segments et doté de 14 paires ambulatoires, plus une transformée en forcipule. On la rencontre fréquemment sous les pierres ou les écorces, dans le sol ou les matières en décomposition. Très commune dans les jardins, cette espèce prédatrice d'insectes et autres invertébrés ne sort que la nuit. Elle est très utile pour limiter les effectifs des espèces un peu trop envahissantes...

24 Quels sont ces vers qui nous tiennent la grappe ?

Dans les jardins où l'on conserve une treille, surtout dans le Midi, le feuillage de cette plante autochtone attire un certain nombre de petites bêtes, dont des insectes combattus depuis que la vigne est associée au vin.

Ainsi, on constate parfois la présence de nombreux vers, tant sur le feuillage que dans les grappes. Il s'agit en fait de chenilles de petits lépidoptères (papillons) qui, pour la plupart, appartiennent à la famille des Tortricidae (tordeuses). Ces petits papillons sont très délicats malgré leur petite taille, et on ne devrait leur faire la guerre dans les jardins que si vraiment ils occasionnaient des dégâts réels (surtout esthétiques). On peut distinguer quatre espèces principales :

– le cochylis *Eupoecilia ambiguella* (Hübner) s'attaque, à l'état larvaire, aux feuilles et aux fruits. À maturité, la chenille de 12 mm est brun-rouge à tête noire. Le papillon, jaune ochracé avec une large bande noire à l'aile antérieure est caractéristique. Les femelles de la première génération pondent sur les boutons floraux dont se nourrissent les chenilles. Celles de la seconde dévorent les grains de raisin, avant de se nymphoser dans un cocon sous l'écorce du cep ;

– l'eudemis *Lobesia botrana* (Denis et Schiffermüller) donne des papillons au printemps, dont la femelle pond sur les boutons floraux où se développent ensuite les chenilles. Après la nymphose apparaissent les adultes de la deuxième génération donnant des chenilles qui se nourrissent des grains (baies) encore verts. Dans le Midi, une troisième génération peut surgir en août, dont la chenille dévore les grains gorgés de sucre avant d'hiverner à l'état de chrysalide ;

– l'eulia *Argyrotaenia ljungiana* (Thunberg), dont le nombre de générations annuelles varie, a des chenilles qui s'attaquent d'abord aux feuilles, puis aux baies et à leurs grains.

La pyrale de la vigne (ou simplement « la pyrale ») *Sparganothis pilleriana* (Denis et Schiffermüller), non considérée généralement comme un « ver », présente néanmoins des chenilles qui attaquent tous les stades de développement de la vigne.

Miss eudemis, reine maudite du vignoble !

Diverses méthodes plus ou moins « barbares » sont utilisées par les viticulteurs pour éradiquer ces espèces (écorçage des souches suivi d'un échaudage, pièges à phéromones, divers pesticides...), mais dans un jardin, il est déconseillé d'en arriver là.

Les sphinx de la vigne *Deilephila elpenor* (Linnaeus) et *Deilephila porcellus* (Linnaeus) sont de jolis sphinx essentiellement roses qui portent assez mal leur nom car leurs chenilles se développent sur les épilobes, les gaillets, la salicaire, même si le grand sphinx peut s'attaquer ponctuellement à la vigne. Ces jolies espèces méritent plus d'être admirées que combattues.

25 Qu'est-ce qu'un ver gris ?

C'est au contact des plantes avec le sol – et donc au collet (base de la plante) de celles-ci – que se terrent les vers gris. Dans les jardins, ces vers sont souvent assez fréquents sans causer de dégâts vraiment dommageables, et ils peuvent passer inaperçus. Mais parfois, salades et choux s'étiolent, et le jardinier fait grise mine, car il s'agit de vers gris !

Les vers gris (gris, mais aussi brun-roux à brun-beige) ne sont pas à proprement parler de vrais vers, mais il s'agit de larves de lépidoptères (donc des chenilles) nocturnes appartenant à la famille des Noctuidae. C'est le plus souvent quand elles arrivent à maturité qu'on décèle leur présence très discrète au collet des plantes, au revers des feuilles radicales (basales) où elles se tiennent durant la journée, attendant la nuit pour sortir se sustenter en surface (même si certaines espèces restent sous la surface. Débusquées, elles se roulent en boule et évoqueraient facilement un obscur escargot. Ces chenilles dodues ont tendance à s'attaquer en premier lieu à la base des tiges des plantes (surtout jeunes) qu'elles rencontrent, et les Anglais les nomment *cutworms* (vers coupeurs). Beaucoup de vers gris sont heureusement inoffensifs dans le jardin, et il est plutôt sympathique de les conserver car ils peuvent donner de jolis papillons comme le hibou *Noctua pronuba* (Linnaeus) aux ailes postérieures jaune orangé bordé de noir. Mais quelques espèces par ailleurs très fécondes (800 à 1 200 œufs par femelle), ont tendance à dépasser les bornes en dévorant semis et jeunes pousses. C'est le cas, par exemple, de la noctuelle baignée *Agrotis ipsilon* (Hufnagel), de la noctuelle des moissons *Agrotis segetum* (Denis et Schiffermüller) et du point d'exclamation *Agrotis exclamationis* (Linnaeus).

Ver gris dodu donnera noctuelle grasse et cossue !

La noctuelle baignée, en particulier, également appelée moissonneuse, donne des vers gris particulièrement voraces qui s'attaquent à de nombreuses plantes (cultivées ou non), telles que la betterave sucrière, le maïs, la pomme de terre et les céréales (d'où son nom), jusqu'en Afrique et en Asie. Dans le jardin, ce sont surtout les pommes de terre (dont le feuillage est attaqué au collet) et les jeunes plants de salades qui subissent des dégâts en cas de pullulation.

En cas de menace, utilisez les plantes répulsives classiques, binez la terre, et récoltez les chenilles à la main en soulevant les rosettes...

Si l'on opte pour un jardin où la nature sauvage conserve droit de cité, merles, corneilles, taupes, carabes (jardinières) sauront limiter les effectifs en se régalant des vers gris, tandis que la nuit les chauves-souris qui nichent de jour dans un arbre creux (et donc non élagué) pourchasseront les papillons adultes, ne laissant que les ailes qui s'entassent parfois en grand nombre sous les réverbères ! N'oublions pas non plus les rapaces nocturnes qui en consomment aussi de grandes quantités, mais seulement s'ils nichent à proximité (nécessité de vieux arbres ou de granges)...

Les « vers » gris ou blancs qui correspondent à des larves de diptères (tipules, sciarides) seront traités ci-dessous avec les insectes.

26 Les vers fil-de-fer, que viennent-il faire ?

Parmi les « vers » que l'on découvre en retournant la terre, les vers fil-de-fer ne sont pas les moins singuliers. Il ne s'agit pas de vers à proprement parler, mais plutôt de larves de coléoptères de la famille des Elateridae (taupins). Leur long corps cylindrique, ou presque, de couleur jaunâtre à brun ochrace clair est entièrement serti dans un exosquelette sclérifié très dur. Leur forme allongée et grêle leur a valu le nom de vers fil-de-fer. Ce sont surtout les larves d'agriotes *Agriotes lineatus* (Linnaeus) et espèces proches qui se rencontrent dans le jardin. De fait, ces insectes ne se restreignent point aux seuls lieux cultivés, mais peuvent se rencontrer dans tous les terrains riches en plantes basses les plus variées, où les larves polyphages dévorent les racines, pourvu que le sol ne soit pas trop sec.

Les larves peuvent vivre jusqu'à six années, mais dans le cas de l'agriote, l'espèce de ce type la plus fréquente dans les jardins, le cycle de développement est certes échelonné sur six années, mais seulement sur quatre à l'état larvaire. Après la ponte, il

faut attendre jusqu'à trois mois avant l'éclosion des œufs. La larve entreprend alors de se nourrir en creusant des galeries dans les parties souterraines des plantes, avec des haltes en été puis en hiver, et il faut huit mues avant que la larve ait sa taille définitive. Sensible aux écarts d'hygrométrie, la larve monte ou descend dans la terre en fonction de l'humidité et de la température du sol. La nymphose dans une loge à base de terre dure un mois, et l'adulte déjà formé reste en diapause hivernale avant de sortir au mois de mars. Après l'accouplement, 150 œufs environ sont pondus par la femelle à une profondeur de 20 à 60 cm dans le sol en terrain plutôt humide.

Dans les jardins, ce sont surtout la betterave et la pomme de terre qui sont attaquées, mais aussi la carotte, l'oignon et la laitue, de même que des plantes ornementales comme le dahlia (doté de solides bulbes).

Si, dans les jardins, les dégâts sont restreints, il n'en est pas toujours de même en agriculture où, par exemple, le semis de maïs peut être détruit, de même que les cultures fourragères. Il est difficile de se débarrasser des larves ; les laisser se dessécher au soleil, où les mettre à la disposition des oiseaux (les poules en raffolent) est une bonne solution quand on vient de retourner la terre.

Les agriotes adultes sont des insectes brun-jaune plutôt élégants, au corps ovoïde fusiforme assez plat, aux élytres distinctement rayés. Comme presque tous les Elateridae, l'agriote a la faculté d'effectuer un bond brusque et élevé pour échapper aux prédateurs, lorsqu'il est sur le dos.

Si le jardin est bordé de haies, plusieurs autres espèces de taupins, souvent bien plus colorés, peuvent s'y rencontrer, ce qui ne doit pas nous inquiéter, car la plupart ont des premiers stades qui ne se développent que dans le bois pourri en chassant les diverses larves qui s'y logent.
Les enfants adorent faire sauter les taupins dans la main…

27 Quels sont ces vilains vers blancs qui apparaissent quand on bêche la terre ?

Quiconque a retourné la terre de son jardin a constaté un jour ou l'autre la présence de larves blanchâtres de taille variable, qui peuvent abonder localement. Traditionnellement, les jardiniers les appelaient des « vers blancs ». Ils les étalaient sur le sol avec leur bêche : incapables de retourner dans le sol, les larves se desséchaient au soleil ou avaient tôt fait d'être picorées par les oiseaux (corneilles, moineaux et merles) et les hérissons.

Gros ver blanc d'*Oryctes nasicornis*

Plusieurs types d'insectes produisent des vers blancs. Jadis, le plus gros des troupes était fourni par le redoutable hanneton commun *Melolontha melolontha* (Linnaeus) qui pullulait presque chaque année. Désormais, cet insecte s'est considérablement raréfié, même s'il peut encore abonder localement et causer des dégâts aux cultures (dont il dévore surtout les racines, l'adulte se réservant le feuillage !). Les hannetons pondent de préférence dans les terres meubles et chaudes. Les œufs sont déposés en tas à une vingtaine de centimètres de profondeur. Les larves apparaissent en juin-juillet, puis elles hivernent profondément dans le sol pour affleurer la deuxième année et dévorer les racines. Elles hivernent encore sous terre, pour se nymphoser puis donner des adultes au printemps suivant qui s'attaquent au feuillage… Pour les combattre, un binage répété réduit les effectifs et, si l'on a des taupes dans son jardin, elles en dévorent un grand nombre. L'incorporation dans le sol de nématodes *Heterorhabditis bacteriophora* (Poinar) et du champignon ascomycète entomopathogène *Beauveria brongniartii* sont réputés réduire efficacement les effectifs…

Parmi les larves souterraines qui dévorent les racines, on compte aussi celles de l'hépiale du houblon *Hepialus humuli* (Linnaeus), qui est en fait la chenille d'un grand papillon nocturne (dont le mâle est tout blanc). Cette espèce recherche les terrains humides et on a peu de chance d'en observer dans un jardin sec. La larve peut ravager les plants de laitues dont elle dévore les racines, et il est difficile de la combattre (on a proposé le purin de fougère ou l'infusion d'ail !). Pourtant, ce grand papillon crépusculaire est élégant. La femelle est jaune assez vif, et le mâle, de couleur bien blanche, a un vol très saccadé qui évoque un petit fantôme. Les Anglais l'on d'ailleurs appelé *ghost moth* (papillon fantôme). D'autres hépiales de plus petite taille ont des larves semblables, mais leurs dégâts restent minimes et le papillon est moins spectaculaire.

28 Quel est ce bric-à-brac de lombrics ?

Quand il vient de pleuvoir en automne, les pelouses sont souvent ornées de tortillons – les turricules – qui peuvent déplaire à certains (mais pas aux corneilles !), la faute en revient aux vers de terre. Et d'ailleurs, en bêchant, on en découvre de gros qui circulent sous la surface. Faut-il s'en débarrasser ?
Avant toute chose, il faut préciser ce que sont ces vers. La plupart du temps, il s'agit de gros lombrics (ordre des annélides, sous-ordre des Lumbricina), il s'agit même presque toujours du ver de terre commun (ou ver de rosée) (Lumbricidae), mais on

Pour fuir le merle, ce lombric devra vite se cacher dans la litière...

a recensé en France une centaine d'espèces, dont certaines peuvent être menacées ou d'autres au contraire en expansion... Les vers de terre se nourrissent de matières organiques en décomposition, et il est désormais établi qu'ils contribuent utilement à l'équilibre écologique des sols. Toutefois, leur type d'écologie les séparent en trois groupes distincts :

– les anéciques sont de grosses espèces incluant le lombric commun, et dont la pigmentation est essentiellement rouge. Ils prédominent dans les sols profonds des régions tempérées. Du fait qu'ils résistent aux fortes chaleurs dans leur logette en profondeur, ils survivent plusieurs années ;

– les endogés se développent en permanence dans le sol, leur corps n'est donc pas pigmenté, et leur taille reste variable. Ils consomment de la terre contenant des substances organiques. De ce fait, ils sont peu affectés par les nuisances de l'extérieur et leur nombre est très important ;

– les épigés enfin, sont de petites espèces de vers (3 à 10 cm) qui se développent en permanence à la surface du sol dans la litière, les souches, les excréments et le compost. Leur livrée est homochrome à leur environnement, où ils sont soumis aux aléas du climat et aux prédateurs. Cette vulnérabilité est compensée par une fertilité remarquable.

Ainsi, à tous les niveaux du sol, les vers de terre participent activement à la régénération de celui-ci en recyclant les matières organiques. De plus, de nombreux oiseaux et petits mammifères en consomment et en dépendent parfois.

Pour le compostage, les lombrics sont très utiles car ils accélèrent la formation du compost naturel. Le compost s'en trouve affiné, plus rapidement disponible, prêt à amender le sol pour les fleurs et les légumes. Aussi, en introduit-on désormais dans les bacs à compost (après la phase thermophile du compost, c'est-à-dire après sa phase de chauffe). Et un commerce des lombrics existe à cet effet...

29 Y a-t-il des vers plats tueurs dans le potager ?

L'embranchement des plathelminthes (vers plats ou platodes) regroupe des vers essentiellement allongés, sans appendices, dotés d'une symétrie bilatérale, et dont le tube digestif commence par une ouverture (la bouche). Cet embranchement regroupe environ 20 000 espèces dans le monde, dont la douve du foie, le ténia, et les planaires présents en mer, en eau douce,

Nouveau venu dans le jardin, ce ver prédateur nous vient d'Amérique

et jusque sur les sols humides. Parmi les planaires (classe des Turbellaria), quelques familles (Geoplanidae, Dugesiidae, etc.) regroupent des espèces contribuant dans leur milieu naturel à l'écosystème du sol.
L'apport de plantes exotiques et d'un peu de leur sol dans les jardins de nos régions (*via* les plantes en pots) a contribué à l'établissement de ces planaires sous nos latitudes. Ces vers n'ayant pas de freins naturels à leur propagation, ils se répandent à l'état d'espèces invasives en dévorant lombrics, larves et autres petites bêtes autochtones de nos sols. Ils sont donc néfastes pour la biodiversité de nos régions (les aquariums peuvent par ailleurs être envahis par des espèces aquatiques !).
Parmi les Geoplanidae, on peut citer quelques espèces exotiques ayant fait leur apparition en Europe (et parfois aussi au Japon). *Arthurdendyus triangulata* (Dendy), espèce originaire de Nouvelle-Zélande, importée accidentellement à l'état d'œuf avec des plantes en pot, a été observée au début des années 1960 dans les Îles Britanniques (en 1963 à Belfast) et s'est répandue depuis en Europe (dont la France). Ce planaire est invasif, puisque se nourrissant presque exclusivement de vers de terre – qu'il enserre en les recouvrant d'une sécrétion qui dissout leurs chairs ! Sa taille atteint les 17 cm à maturité, la face ventrale est claire et la dorsale est brun foncé. Ce planaire s'observe de jour à découvert, mais on le trouve aussi dans le

sol à faible profondeur lorsqu'il pourchasse les vers de terre. Dans des conditions idéales, on a établi que ce ver plat peut dévorer jusqu'à 14 lombrics par semaine. À l'opposé, en période de disette due à la sécheresse, il peut survivre une année entière en stoppant son activité et en « s'auto-consommant ». Cette prédation entraîne une dégradation de la qualité des sols, les populations de lombrics – indispensables à la bonne santé de la terre et ressources alimentaires de bon nombre de bêtes (insectes, oiseaux, mammifères, amphibiens) – étant menacées.

Quelques espèces proches, d'origine semblable, ont par ailleurs été citées en Europe :

– *Arthurdendyus albidus* Jones et Gerard ; *Arthurdendyus australis* (Dendy) ; *Australoplana alba* (Dendy), toutes les trois en Grande-Bretagne ;

– *Caenoplana coerulea* Moseley, en Grande-Bretagne, en France et en Espagne. *Girardia tigrina* (Girard) (Dugesiidae), en Amérique et signalé en Europe, est un minuscule carnivore de 1 mm de long.

Du fait d'introductions accidentelles incessantes malgré des mesures de protection drastiques, la détermination des espèces rencontrées reste parfois aléatoire...

30 Peut-on faire la lumière sur le ver luisant ?

Les douces soirées d'été, pourvu que le jardin ne soit point trop petit, et si possible aux abords de quelques friches à l'herbe rase ou dotées de buissons, il est tout à fait possible d'y observer des vers luisants. À condition toutefois d'y faire un tour quand la nuit est bien installée, car au soleil, en admettant qu'ils « luisent », on ne verrait rien...

Petits points luminescents sur les « i » (en l'occurrence les tiges de graminées) du jardin, les vers luisants enchantent les petits et les grands. Qui n'a en effet jamais essayé de saisir ces lucioles improbables d'un vert néon qui s'éteignent à notre approche, fût-ce un mirage dans la nuit d'été au zénith constellé d'étoiles ?

Les soirées froides ou pluvieuses, en revanche, pas question de luire, les vers luisant restent terrés dans la pénombre de la litière... Mais qu'est-ce au juste qu'un ver luisant ?

Malgré son nom, on l'a vu, le ver luisant *Lampyris noctiluca* (Linnaeus), ou lampyre (mais il existe plusieurs espèces proches – 17 en Europe –, dont les lucioles [*Luciola*]) est un coléoptère de la famille des Lampyridae affecté d'un dimorphisme sexuel important.

Le mâle est un banal coléoptère plat, ailé, aux élytres assez tendres, peu colorés, et doté d'une plaque thoracique évoquant un petit bouclier ; tandis que la femelle, inapte au vol, n'a ni ailes membraneuses, ni élytres, ses segments abdominaux, en revanche, sont fortement sclérifiés (elle est par ailleurs nettement plus grosse que le mâle). Chez les lucioles, la femelle est ailée mais ne vole pas.

Les larves des deux sexes évoquent des femelles (surtout à maturité) ; elles se nourrissent essentiellement d'escargots, dans la coquille desquels elles pénètrent facilement, et de larves.

Doté de gros yeux, le mâle perçoit bien les signaux lumineux émis par la femelle, et il émet lui-même des signaux (plus faibles). Seuls les derniers segments abdominaux sont lumineux. Fait étonnant, les premiers stades émettraient aussi de la lumière. Chaque espèce de ver luisant a ses propres messages lumineux, et on sait que certaines femelles parviennent à attirer les mâles d'autres espèces afin de les leurrer et les dévorer !

Sous les tropiques, les femelles de certaines espèces clignotent en groupe, ce qui leur permet d'attirer les

Ver luisant ou les feux de l'amour…

mâles plus facilement. La lumière des lampadaires perturbe sans nul doute les mâles qui se trouvent attirés et échouent ainsi à s'accoupler ! Dans le jardin, les vers luisants sont utiles en dévorant chenilles, escargots, et limaces dont ils limitent les pullulations.

31 Les vers ronds sont-ils simplement parasites, ou parasites de parasites ?

Les nématodes, ou vers ronds (Nematoda), sont des vers microscopiques, non segmentés, menant une vie libre ou parasitaire. Beaucoup peuvent se rencontrer dans le jardin, car il existe un grand nombre de nématodes parasites des plantes, mais également un nombre non négligeable d'espèces parasites des animaux, et on en utilise pour éradiquer les ravageurs des jardins. Par le passé, l'anguillule du blé *Anguina tritici* (Steinbuch), dont les hôtes sont le blé, l'orge et l'avoine, qui détruisait les grains, avait une grande importance économique, mais les semences de qualité ont considérablement réduit aujourd'hui cette nuisance.

Ver nématode du genre *Neoplactana*

Dans le jardin, cependant, certains nématodes occasionnent encore de gros dégâts. L'anguillule du fraisier *Aphelenchoides fragariae* (Ritzema-Bos) (Aphelenchoididae) est le parasite des fraisiers, des bégonias et de certaines fougères ornementales. Il vit en parasite externe dans les replis des jeunes feuilles du cœur du végétal (également les bourgeons des stolons chez le fraisier). Leurs piqûres dessèchent les feuilles où ces vers s'enkystent. Chez le fraisier, le feuillage est déformé et les fruits sont rares. Seul remède, il faut brûler les feuilles atteintes.

L'anguillule des bulbes *Ditylenchus dipsaci* Filipjev (Tylenchidae) est une espèce commune dans les jardins qui peut s'attaquer à plus de 1 200 plantes cultivées ou sauvages ! D'ordinaire cependant, on la trouve surtout sur les graminées (dont les céréales), les liliacées (oignon, ail, poireau), légumineuses (pois, haricot), solanées (pomme de terre, tabac), crucifères (chou, navet, moutarde) et moracées (chanvre, houblon).

Au gré des pluies, larves et adultes sortent du sol et migrent vers les tiges et les feuilles mouillées. Ils pénètrent ensuite dans les tiges ou les bulbes, occasionnant des lésions importantes, leurs dégâts favorisant aussi l'installation de divers

micro-organismes qui provoquent un pourrissement. Ces vers microscopiques envahissent aussi les semences et sont ainsi disséminés avec. Très résistants, ils subsistent parfois dans le sol à l'état de vie ralentie pendant huit à neuf années !
Mais les nématodes sont loin d'être tous ravageurs, et on en utilise certains pour lutter contre d'autres ravageurs. Par exemple, pour éliminer les limaces souterraines qui endommagent les bulbes, on introduit des *Phasmarabdilis hermaphrodita* (Schneider) (Rhabditidae) dans le sol (de préférence au printemps ou en automne). Ces vers microscopiques pénètrent dans les limaces lorsqu'elles s'enterrent durant la journée. Ils libèrent alors des bactéries qui finissent par tuer le mollusque. Les grosses limaces, comme les Arionidae sont cependant peu sensibles à ces attaques.

32 Quelles sont ces drôles d'araignées hautes sur pattes ?

« En y regardant bien, j'ai vu de drôles de bêtes sur les murs externes de la maison qui évoquent un hybride entre une vraie araignée et un cousin » (tipule). C'est parfois ce qu'on peut entendre dans son entourage. Dans ce cas, il est presque certain qu'il s'agit d'opilions (faucheurs ou faucheux), d'arthropodes arachnides (Arachnida) au même titre que les araignées, les acariens et les scorpions de l'ordre des Opiliones. Plus de 6 500 espèces sont recensées dans le monde, réparties dans quelque 1 600 genres (un peu plus de 130 espèces recensées de France), et pourtant, ces animaux omniprésents sont presque inconnus du grand public et, aussi surprenant que cela puisse paraître, un certain nombre de ces petites bêtes sont protégées en Amérique du Sud (il s'agit d'espèces restreintes à des grottes spécifiques !).
Les opilions ont quatre paires de pattes excessivement longues (la deuxième est la plus longue) qui tombent facilement (autotomie)

Haut sur pattes, ce faucheur arpente la litière à la recherche de proies...

pour échapper aux prédateurs, mais celles-ci sont souvent plus courtes dans de nombreuses familles peu représentées en Europe. Leur abdomen est soudé au céphalothorax, d'où un corps massif plutôt ovoïde. Ils sont dépourvus de glandes séricigènes et à venin (contrairement aux vraies araignées). Une seule paire d'yeux simples est située sur une saillie dorsale (ocularium). Certaines espèces sont facilement grégaires. Pour échapper aux prédateurs, certains opilions font le mort, ou recouvrent leur corps de débris pour se camoufler... Plutôt nocturnes, les opilions se rencontrent le plus souvent sur les murs et les troncs durant la journée et sortent la nuit pour chasser des proies, se contentant parfois de charognes et autres déchets. Plus nombreux dans les bois, ils s'y tiennent dans la litière, mais ils abondent aussi souvent autour des maisons...

Le faucheur morio *Mitopus morio* (Fabricius) (Phalangiidae), au corps de 4 à 8 mm de long, est l'un des opilions les plus communs de nos jardins, où on le rencontre de mi-juin à novembre. Il se distingue aux dessins foncés du corps qui ressortent sur un fond très clair.

Le faucheur des murailles (ou faucheur cornu) *Phalangium opilio* (Linnaeus) (Phalangiidae) de 4,5 à 8 mm de long, est plus fortement épineux sur les pattes, le corps et l'ocularium. Il présente en outre deux dents sur la membrane au-dessus des chélicères, et l'ornementation est davantage estompée antérieurement. On le rencontre plutôt dans les lieux ensoleillés et secs, de mi-mai à début décembre.

Le némastome *Nemastoma bimaculatum* (Fabricius) (Nemastomatidae) compte parmi les opilions de nos régions aux pattes bien plus courtes. De 2 à 2,5 mm de long, ce petit animal noir à pattes courtes présente deux points blancs à l'avant du corps. On le rencontre toute l'année dans la litière humide (sous les arbres).

33 Acariens veloutés, aoûtats, et puis quoi encore ?

Dans les jardins, il n'est pas rare d'apercevoir sur les chemins empierrés, surtout après la pluie, des sortes de toutes petites araignées rouge vif. Il s'agit probablement de l'acarien velouté *Eutrombidium rostratus* (Scopoli), ou *trigonum* Hermann, (Eutrombidiidae) au corps mou, rouge ou orange vif, très velu, et d'apparence veloutée. Les pattes sont assez longues, et le corps

est nettement plus large antérieurement. Les larves parasitent divers arthropodes, dont les araignées, les sauterelles et les tipules, et les adultes sortent de terre après la pluie pour s'accoupler. La femelle pond des milliers d'œufs.
Autre acarien rouge, le trombidion automnal *Neotrombicula autumnalis* (Shaw) est surtout connu pour sa larve rouge – nommée aoûtat, ou rouget – qui parasite temporairement les organismes à sang chaud (lapins, souris, taupes, animaux domestiques, mais aussi l'homme), occasionnant de fortes démangeaisons. L'adulte est minuscule (0,3 mm) et son corps rouge est velu, tandis que les larves également rouges n'ont que 2 mm. Dans les jardins, c'est surtout dans les parties laissées herbues que l'espèce se développe. Nombre d'autres acariens sont présents dans le jardin, mais leur taille est souvent trop exiguë pour qu'on puisse les voir. On ne peut tout au plus que constater la trace de leurs activités, hélas parfois néfastes (galles et déformations du feuillage). Le phytopte du tilleul *Eriophyes tiliae* (Pagenstecher), par exemple, est bien connu pour les galles cornues rouges et vertes de 0,2 mm qu'il provoque au recto des feuilles au printemps. Ces excroissances ne sont pas dangereuses pour l'arbre, mais l'esthétique du feuillage se trouve quelque peu modifiée... L'acarien rouge de l'orme et du pommier (parfois de la vigne) *Panonychus ulmi* (Koch), de 0,15 à 0,6 mm de long, n'est pratiquement pas visible au verso des feuilles où il suce la sève, mais les infestations peuvent faire chuter celles-ci prématurément et affaiblir l'arbre.

Rouge comme un acarien velouté...

En fait, les acariens (Acari) constituent un groupe (une sous-classe) d'arachnides (Arachnida) très hétérogènes incluant tout autant les tiques et les sarcoptes (responsables de la gale chez l'homme) que de minuscules êtres vivant dans la litière, à l'intérieur du tissu des plantes (Eriophyidae), dans les ruches *Varroa destructor* (Anderson et Trueman), et jusque dans les eaux douces et marines. L'importance économique est considérable car ils sont potentiellement pathogènes pour les plantes, les animaux et l'homme. Leur morphologie et leur biologie très variées se ressentent dans leur classification très fragmentée.

34 Et puis que dire des araignées ?

Les araignées, on les aime ou on ne les aime pas. Le plus souvent c'est pire : on en a horreur, ou au moins on les craint. Aussi, pour que le lecteur en sache un peu plus, nonobstant ses appréhensions, il est proposé ici un petit point sur leur anatomie et leurs mœurs...

La classe des araignées (Arachnida) regroupe des arthropodes appartenant au sous-phylum des Chelicerata, tout comme les opilions, les scorpions et les pseudo-scorpions. Elles se distinguent des insectes par leurs quatre paires de pattes (trois chez ces derniers) auxquelles s'ajoutent une paire de chélicères dotées de crochets à venin. Le corps est composé de deux parties, prosoma (céphalothorax : tête et thorax fusionnés) et epistosoma (abdomen), tandis que tout est fusionné chez les opilions. La partie dorsale du céphalothorax est nommée carapace. Il n'y a pas d'ailes ni d'antennes, et les huit yeux (parfois moins) sont simples (non composés comme chez les insectes). Le céphalothorax porte également

Splendide épeire vue de dessous

une paire de pédipalpes (pattes-mâchoires) en forme de massue chez le mâle et utilisés lors de l'accouplement. À l'apex de l'abdomen, au verso, se trouvent les filières (trois paires).
Mis à part un cas unique signalé récemment en Amérique centrale, toutes les araignées sont des prédatrices qui se nourrissent de proies vivantes (essentiellement insectes et autres araignées, rarement lézards et petits oiseaux). Elles ont donc un rôle utile dans la régulation des populations d'insectes. Pour se protéger ou tuer leurs proies, la plupart peuvent inoculer du venin (parfois très dangereux pour l'homme)
Leurs soies (fils) – extrêmement solides – produites par des glandes séricigènes *via* des filières ont des utilisations variées. Le plus souvent, elles servent à élaborer des toiles pour le piégeage des proies (à structures très variées selon les espèces). Elles peuvent également servir à emmailloter les proies, à emballer les œufs, à tapisser le terrier, à confectionner des armes (bolas), à guider le sperme le long du fil, et aussi à disperser les adultes (fils d'Ariane), ou les juvéniles (fils de la Vierge)...
D'ordinaire, le dimorphisme sexuel est faible, mais il peut être très net chez certaines espèces, comme chez l'épeire fasciée *Argiope bruennichi* (Scopoli), où le mâle risque d'être dévoré par la femelle. La plupart des araignées ne sont pas sociables, mais certaines tolèrent toutefois que leur toile chevauche celle de la voisine.
Plusieurs centaines d'espèces sont recensées en France, mais beaucoup d'espèces de très petite taille restent mal connues, et des découvertes restent à faire. La veuve noire ou malmignatte *Latrodectus tredecimguttatus* (Rossi) du Midi de la France et de Corse est la principale araignée venimeuse de ce pays (et elle peut se rencontrer aux abords des habitations), mais il en existe plusieurs autres comme la lycose de Narbonne *Lycosa narbonnensis* (Walckenaer) et la ségestrie florentine *Segestria florentina* (Rossi), dont le venin est très toxique mais heureusement en quantité minime...

35 Qu'est-ce que la tégénaire génère chez une ménagère ?

L'automne étant venu, le mâle de tégénaire, haut sur pattes, sort de son repère, sans doute à la recherche d'une femelle dans son aire. Son apparition dans la maison, surgi du dessous d'un meuble ou piégé dans la baignoire, s'accompagne le plus souvent d'un cri de la ménagère... Mais cette grosse araignée

Gros plan sur une tégénaire : âmes sensibles regardez ailleurs !

inoffensive préfère le cabanon du jardin, les grosses pierres, ou même la litière des bois.

Une vingtaine d'espèces de tégénaires (genre *Tegenaria*, Agelenidae) sont recensées dans nos régions, plusieurs pouvant vivre dans les jardins et leurs dépendances.

La tégénaire commune *Tegenaria duellica* (Simon) fréquente tout autant les habitations, granges et celliers, que les jardins, voire d'autres lieux loin de la maison. Cette araignée tisse une toile triangulaire dans un recoin à laquelle elle adjoint un conduit en forme de tube pour se retirer. La femelle est plus grosse que le mâle mais ses pattes sont plus courtes ; elle cohabite un temps avec le mâle, mais celui-ci finit par mourir et elle le dévore à ce moment-là. Elle reste avec son cocon contenant les œufs et attend leur éclosion et la dispersion des juvéniles. Si le mâle n'apparaît qu'en automne, la femelle peut s'observer toute l'année. Plusieurs espèces proches sont inséparables sans l'examen des genitalia (pédipalpes du mâle et épigyne de la femelle), certaines étant par ailleurs cosmopolites.

Autre habitant des maisons et de leurs dépendances, le pholque phalangide *Pholcus phalangioides* (Fuessly) (Pholcidae) se distingue immédiatement à ses très longues pattes et à son corps cylindrique, et il évoque vaguement un opilion (Opiliones) ou une tipule (diptère Tipulidae) mais son corps est en deux parties et il n'a pas d'ailes. D'ordinaire, il se tient au coin des fenêtres, la tête en bas, et il tisse une petite toile irrégulière. Ce prédateur attrape des petits insectes volants comme les moustiques et les moucherons, mais s'attaque aussi à de grosses proies comme les

tégénaires et les guêpes. Inquiété, le pholque fait vibrer fortement sa toile, au point qu'elle semble disparaître momentanément ! De peur d'être pris pour une proie, le mâle approche la femelle en faisant vibrer la toile de celle-ci d'une manière « convenue ». Gros destructeur de moustiques, le pholque est utile dans la maison…
Les salticides ou araignées sauteuses (Salticidae) se rencontrent souvent sur les murs, et même sur les vitres des maisons réchauffées par le soleil. *Salticus scenicus* (Clerk) fréquente les palissades, les troncs et les murs. Avec ses très grands yeux, elle repère de loin ses proies et leur saute dessus. C'est l'espèce la plus commune dans nos régions où l'on en dénombre une vingtaine. Quand on s'approche d'elle, cette petite araignée tourne la « tête » et semble suivre nos mouvements…

36 Épeire diadème, épeire fasciée : que cachent ces jolis noms ?

Si de grandes toiles d'araignées apparaissent au fond du jardin à la fin de l'été, il est probable qu'il s'agisse de celles de l'épeire diadème. La toile est souvent fixée aux barrières, dans les haies et autres lieux où l'on passe peu. L'épeire diadème *Araneus diadematus* (Clerk) (Araneidae) est l'une des araignées orbitèles les plus connues de nos régions, en raison de sa fréquence, de sa taille et de la grandeur de sa toile. Son nom vernaculaire vient de l'ornementation contrastée du recto de l'abdomen, le fond duquel varie du jaune clair à presque noirâtre. Par sa taille et sa fréquence, cette araignée se prête bien à l'observation du tissage de sa toile et à la capture des proies. La femelle de 10 à 18 mm de long a un gros abdomen, tandis que le petit mâle (4 à 8 mm) est plus grêle. Les adultes disparaissent en fin d'automne, tandis que les œufs camouflés dans un cocon de soie éclosent au printemps, les petits ayant tôt fait de se disperser (sinon ils s'entre-dévorent…).
Moins fréquente, mais plus spectaculaire, l'épeire fasciée *Argiope bruennichi* (Scopoli) est une belle araignée (au moins la femelle) à l'abdomen rayé d'orangé et de noir évoquant un peu la livrée d'une guêpe. La femelle de 11 à 15 mm de long et au corps rebondi est bien plus grande que le petit mâle de 4 à 4,5 mm, lequel est souvent dévoré par sa partenaire après l'accouplement… La grande toile est disposée près du sol, elle présente une bande au tissage serré, transversal, évoquant une fermeture éclair (stabilamentum).

Araignée à étudier sur la toile !

La méta commune *Meta segmentata* (Clerk) (Tetragnathidae) est l'une des araignées orbitèles brunes et jaunes aux longues pattes les plus fréquentes dans les jardins, notamment au printemps et en automne, du niveau du sol à près de 2 m de haut. Lors de l'accouplement, le mâle attend que la femelle ait planté ses chélicères dans une proie (un insecte emmailloté) pour s'approcher. Sa cousine, la méta de Ménard *Meta menardi* (Latreille), de couleur très sombre, recherche les endroits les plus obscurs comme les grottes, mais aussi les tunnels ferroviaires et les cabanes de jardins.

L'araignée des fenêtres *Zygiella x-notata* (Cleck) est le plus souvent observée près des habitations, aux bords des fenêtres, des palissades, sous les gouttières. Sa grande toile se distingue par le fait qu'une petite portion dégagée (sans spirale) soit juste réservée au fil avertisseur sur lequel l'araignée pose une patte depuis son abri en attendant les proies (qui font vibrer ce fil…).

En fin d'été, il n'est pas rare que les buissons et les haies du jardin se trouvent recouverts par des « strates » de toiles qui se chevauchent. Il s'agit de celles des Linyphiidae ou des Theridiidae, qui n'hésitent pas à se piller réciproquement !

37 Araignées-loups, araignées-crabes et pourquoi pas à chaussettes ?

Les mygales, c'est bien connu, sont des grosses araignées tropicales. Pourtant, dans nos jardins (pourvu qu'il y ait de la terre nue), une espèce de mygalomorphe n'est pas rare, il s'agit de la mygale à chaussettes *Atypus affinis* Eichwald (Atypidae). Cette araignée doit son nom au fait qu'elle creuse un terrier en terrain ensoleillé dont l'extrémité se termine par un tube de soie qui affleure au ras du sol. Quand une malheureuse proie s'égare sur la partie supérieure du tube, l'araignée se rue dessus pour la mordre avec ses énormes chélicères saillant dans le prolongement du corps.

L'araignée caméléon *Misumena vatia* (Clerck) (Thomisidae) est l'une des araignées « crabes », ainsi nommées car elles se déplacent sur le côté comme les crabes. La femelle est vert clair, jaune ou blanche, tandis que le mâle est marqué de brun. Cette araignée se tient sur les fleurs qui ont la même couleur qu'elle, à l'affût de proies (abeilles, mouches) qui viennent butiner.

Dans les arbres et les buissons, y compris le lilas, l'araignée concombre *Araniella cucurbitina* (Clerck) (Araneidae) tisse des petites toiles rondes sur les feuilles. L'abdomen, vert chez les deux sexes, plus

Cette araignée peut faire du mal à une mouche !

gros chez la femelle, présente un point rouge sur le ventre au-dessus de la filière.

Les araignées-loups (Lycosidae) doivent leur nom au fait qu'elles chassent les proies au sol où sur les plantes basses. C'est le cas, par exemple, de *Pardosa amentata* (Clerck) qui est fréquente sur les pierres au soleil dans le jardin. En présence d'une femelle, le mâle utilise ses palpes pour se manifester. Sinon, la femelle transporte son cocon plein d'œufs accroché à sa filière, puis les jeunes durant quelques jours après l'éclosion sur son dos.

Visiteuse des tas de compost et des débris humides, la dysdère (*Dysdera crocata* Koch) s'y cache durant la journée, ne sortant que la nuit (comme nombre d'araignées du reste) pour chasser ses proies préférées, les cloportes. Ses énormes chélicères acérées lui permettent de transpercer la carapace de ces crustacés terrestres. Cette espèce n'est pas connue pour mordre habituellement l'homme...

Les *Clubiona* (Clubionidae) sont d'assez petites araignées, aux pattes ochracées et au thorax à l'ornementation bien marquée. On les trouve sous les écorces, les débris, et jusqu'aux abords des habitations. Ces araignées ne sortent que la nuit pour chasser et restent de jour dans une cellule de soie.

Le lion, la jardinière et le cousin...

38 La jardinière est-elle l'amie du jardinier ?

Gros plan sur la jardinière en robe d'apparat...

Les Anciens avaient bien noté la présence régulière d'un bel insecte vert doré qui fréquentait assidûment les jardins, surtout visible les jours de pluie quand limaces et escargots investissaient les salades, et l'avaient baptisé sans hésitation « jardinière ».
Le grand Linné l'a nommé *Carabus auratus* en 1761, et c'est pourquoi les citadins entomologistes ont préféré l'appeler « carabe doré » en délaissant le nom vernaculaire initial.
Se repaissant de limaces, d'escargots, de vers, et même de doryphores et autres chrysomèles du concombre, la jardinière s'avère être un auxiliaire très utile dans la lutte contre les ravageurs des cultures. C'est donc bien l'amie du jardinier.
Celui-ci pourtant, le plus souvent par ignorance, ne lui est pas reconnaissant, car désherbants, pesticides, et autres limacides tuent ses proies et le font ainsi disparaître.
La présence de ce bel insecte dans un jardin (surtout à proximité de zones boisées), révèle que celui-ci est « bien traité », de même que la découverte d'une chenille ou d'un petit escargot dans une laitue « bio » indique qu'elle n'a effectivement pas été traitée aux pesticides...

39 Y a-t-il des lions dans mon jardin ?

L'un des gros soucis d'un jardinier amateur est bien souvent la présence de pucerons verts, noirs ou roses, qui, quelles que soient la couleur et la taille, sucent la sève des rosiers comme des plants d'haricots, qu'ils affaiblissent ou tout simplement déparent. Leur reproduction est extrêmement rapide et, sans traitement, ils ont tôt fait de pulluler. Comment faire pour les éradiquer, ou au moins freiner leur expansion ? Beaucoup préfèrent « traiter », c'est-à-dire pulvériser un insecticide spécialisé. On dispose heureusement aujourd'hui d'autres méthodes de lutte : planter, par exemple, des espèces végétales répulsives, comme la capucine, l'œillet d'Inde ou la lavande. Mais l'introduction d'insectes aphidophages est plus particulièrement efficace. Parmi ceux-ci, on connaît les coccinelles et les syrphes, mais il faut également ajouter les chrysopes, dont les larves et les adultes dévorent une grande quantité de pucerons, d'où leur nom de « lions des pucerons ».

L'espèce la plus commune, facile à élever et à relâcher dans les jardins, est *Chrysoperla carnea* (Stephens). Cet insecte frêle, de taille moyenne, à ailes vertes transparentes et très nervurées, et aux longues antennes ne se nourrit que de pollen et de miellat à l'état adulte. Mais son vocable de « lion » est dû à la voracité de ses larves qui consomment œufs, larves et adultes de divers insectes à téguments mous (cochenilles, certaines chenilles et surtout pucerons). Ces larves, qui se dissimulent sous les dépouilles de leurs anciennes victimes, injectent dans leurs proies une substance pour dissoudre leurs chairs qu'elles aspirent ensuite. Des milliers de pucerons sont ainsi neutralisés en très peu de temps dans le jardin. Les « lions des pucerons » sont donc bien utiles au jardinier, lequel ne doit pas ignorer qu'ils sont vulnérables aux produits phytosanitaires. De bonnes haies permettent aux adultes d'hiverner. Sinon, ils passent parfois l'hiver dans les bâtiments, notamment les abris de jardins, où leur belle couleur verte se transforme en un agréable rouge pourpré.

Avec un lion des pucerons, les rosiers sont bien gardés !

Indépendamment de leurs qualités « phytosanitaires », ces insectes méritent qu'on les admire, leur gros yeux dorés évoquent quelques perles irisées, ce sont les *chrysopes aux yeux d'or*...

40 Pourquoi mes cousins sautillent-ils sur le sol quand je viens d'arroser mes laitues ?

Par beau temps, lorsqu'on désire arroser certaines plantes du jardin, il arrive parfois qu'on voie surgir de gros insectes ailés et lourdauds qui sautillent au-dessus de la terre humide. Il s'agit, en fait de grosses femelles de tipules – ou cousins (Tipulidae) –, diptères robustes quelque peu apparentés aux moustiques, mais qui ne piquent pas. C'est le plus souvent la tipule potagère (ou tipule du chou) *Tipula oleracea* (Linnaeus). Comme toutes les tipules, elle se distingue par ses très longues pattes grêles et fragiles qui tombent facilement. L'aile nervurée transparente présente une strie costale blanchâtre, et l'envergure atteint 35 à 45 mm. La femelle affectionne les terrains fraîchement arrosés où la femelle vient pondre. Les larves sont de gros vers apodes gris terreux de 3 à 4 cm de long ; voraces, elles s'attaquent au collet des plantes et peuvent occasionner des dégâts. Cette espèce apparaît d'avril à octobre en deux générations. Les adultes volent le matin ou en soirée dans les lieux humides où ils s'accouplent à plusieurs reprises. Fait singulier, il n'est par rare que la femelle projette ses œufs en vol.

Très voisine, la tipule des prairies *Tipula paludosa* (Meigen) n'a qu'une génération annuelle en juin. Ses ailes sont plus étroites et chez la femelle elles sont plus longues que l'abdomen (plus courte chez la tipule potagère) ; de plus, seuls les deux premiers articles des antennes sont jaunâtres (au moins les trois premiers chez *T. oleracea*) – caractère il est vrai peu parlant à un non-spécialiste... La tipule des prairies est davantage crainte par les cultivateurs en Europe septentrionale car sa larve s'attaque aux racines des graminées – le blé et l'orge entre autres dès décembre (elles résistent très bien au froid), dont les pieds jaunissent. Elle s'attaque aussi aux pousses souterraines de pois et de pommes de terre. Les jeunes larves se contentent d'humus et de végétaux en voie de décomposition et hivernent au voisinage de la surface du sol. Après hivernage, les larves adultes forent des galeries qui atteignent l'air libre, ce qui leur permet de remonter la nuit. Elles consomment alors les semences en germination des céréales de printemps et autres racines de graminées, et la nymphose se fait dans le sol.

En cas d'excès d'humidité (ou tout simplement en cas d'arrosage excessif !), cette tipule peut également occasionner de gros

Petit néphrotome, ta grâce m'étonne...

dégâts aux pelouses des jardins ou des résidences, et également des terrains de golf, ce qui est en un sens plus fâcheux. Proches parents des tipules, les néphrotomes (*Nephrotoma*) sont des Tipulidae davantage colorés. Le thorax présente en effet des dessins noirs sur fond jaune ; de plus, au repos, les ailes sont disposées sur le corps, et non écartées comme chez les tipules. Leurs larves s'attaquent aussi aux racines, mais leurs dégâts sont bien moindres.

41 Que sont ces toiles qui recouvrent mes haies ?

Quand on a la chance de posséder un jardin bordé par de belles haies bien denses et à la végétation variée, il se peut que celles-ci nous occasionnent pourtant du souci.
Quand il s'agit de haies ou de buissons bas, en fin de saison, il peut s'agir de toiles enchevêtrées d'araignées (Linyphiidae ou Theridiidae) qui supportent la cohabitation et qui n'hésitent à se piller réciproquement. Pour en être certain, il suffit d'observer ces toiles et on aperçoit facilement ces arthropodes.
Sinon, surtout au printemps, il peut s'agir des toiles tissées par des chenilles de tout petits papillons, les hyponomeutes (*Yponomeuta*) (Yponomeutidae), ou de plus grande taille (*Euproctis*). Ce sont de petites espèces généralement blanches à petits points noirs, et donc faciles à reconnaître. Leurs chenilles grégaires tissent de grandes toiles communes arachnéennes qui les protègent des prédateurs tandis qu'elles dévorent le feuillage,

et où elles se nymphosent finalement. Le résultat est parfois spectaculaire en mai, en cas de pullulation, les arbustes paraissant recouverts d'un léger voile blanc.
Plusieurs espèces proches se développent cependant sur des plantes différentes. Ainsi, l'hyponomeute (ou teigne) du cerisier *Yponomeuta padella* (Linnaeus) se développe sur les *Prunus* (pruniers, prunelliers, cerisiers) et l'aubépine. Ichneumons et diptères parasitent heureusement abondamment cette espèce et ses congénères.
L'hyponomeute du fusain *Yponomeuta evonymella* (Linnaeus) se développe essentiellement sur le fusain, tandis que l'hyponomeute du pommier *Yponomeuta malinella* (Zeller) vit essentiellement sur le pommier.
Par ailleurs, l'hyponomeute de l'orpin *Yponomeuta sedella* (Treitschke) est associé aux orpins, notamment *Hylotelephium telephium*. Sa toile recouvre ces plantes comme une toile d'araignée.
Dans les haies et les vergers (pommiers, saules, pruniers, aubépine), la femelle du cul-brun *Euproctis chrysorrhoea* (Linnaeus) vient pondre 100 à 200 œufs en fin d'été. Ce papillon de taille modeste (3-4 cm d'envergure) est tout blanc et se distingue par la touffe de poils bruns à l'apex de l'abdomen (d'où son nom).
Les jeunes chenilles tissent un nid de soie dans le feuillage pour passer l'hiver. Au printemps, elles se nourrissent d'abord ensemble du feuillage puis se dispersent et construisent plusieurs nids de soie successifs. Elles peuvent défeuiller les haies en cas de pullulation. Ces chenilles poilues sont urticantes et il faut se garder de les toucher !
Le cul-doré *Euproctis similis* (Fuessly) est semblable, si ce n'est que l'apex de l'abdomen est jaune et non brun ; le mâle présente généralement une grosse tache grise au bord interne de l'aile antérieure. Il se développe sur les mêmes essences et sa biologie est du même type.

Cul-doré et autres richesses du jardin !

Voir aussi la question 36

42 Mouche de la carotte, mouche du céleri ou mouche de la rémoulade ?

Si vous constatez que des larves minces, jaune crème, de 1 cm de long forent des galeries dans les racines des carottes, comme du céleri ou le persil, il est probable qu'il s'agisse de la larve de la mouche de la carotte *Chamaepsila rosae* (Fabricius) (Psilidae) qui donne deux à trois générations par an. Les femelles viennent pondre dans les rangs de carottes en avril-mai, et les larves forent dans les racines, avant de se nymphoser. Affaiblie, la plante voit son feuillage jaunir puis se flétrir. Les plants semés après mai échappent à la première génération de larves, et celles récoltées avant août ne sont pas atteintes par la deuxième génération ! Oignons, poireaux, lavande et œillets d'Inde perturbent ces mouches, ce qui peut les repousser ailleurs. Il n'est pas rare que les feuilles du céleri, du panais, du persil, et de plantes apparentées non cultivées se ternissent de brun puis se dessèchent. C'est le résultat de l'action de la mouche du céleri *Euleia heraclei* (Linnaeus) (Tephritidae), dont la petite larve se développe dans le parenchyme des feuilles. Lors d'attaques massives, le feuillage paraît brûlé et les tiges plus minces ont un goût amer. La mouche en elle-même a des ailes joliment ornées de stries noires en partie fusionnées sur fond translucide. Les adultes de la première génération apparaissent en mai, et la rapidité du développement fait que la génération suivante naît en juin. Les individus de la génération estivale sont plus clairs et colorés (rouge-jaune) et les hivernaux sont essentiellement noirs.

Mine laissée par une larve de diptère mineur que l'on suit ici à la trace

Les feuilles de betterave ou d'épinards peuvent exhiber de grandes plages brunes (initialement blanchâtres) où se développent des asticots blancs. Il s'agit de larves de la mouche de la betterave *Pegomya hyoscyami* (Panzer) (Anthomyiidae) qui se développent à l'intérieur du parenchyme des feuilles. Il y a deux générations estivales. Les pesticides ne servent à rien pour lutter contre ces ravageurs mineurs car les larves sont protégées à l'intérieur de la feuille !

La mouche de l'oignon *Delia antiqua* (Meigen) (Anthomyiidae) évoque une grosse mouche domestique *Musca domestica* (Linnaeus), mais son abdomen est plus grêle. La larve est un asticot blanc qui provoque par sa présence des lésions à la base des racines des oignons, poireaux et échalotes, où elle s'installe ensuite dans les tissus en décomposition. Les plantules des semis d'oignons sont ainsi dévastées. Les oignons cultivés à partir de bulbes sont moins touchés.

43 Y a-t-il des rhinocéros dans mon jardin ?

Le rhinocéros est un animal caparaçonné très robuste doté d'une corne nasale...
Cela pourrait aussi bien être la définition du rhinocéros *Oryctes nasicornis* (Linnaeus) (Dynastidae), gros coléoptère proche des scarabées, et qui se maintient assez bien dans les jardins localement. Cet insecte peut atteindre jusqu'à 40 mm de long, et seul le mâle a une corne bien développée, celle de la femelle étant réduite à une petite bosse. Sa grosse larve courbée en « C » est comprimée latéralement. Elle est grégaire dans le bois pourri, la sciure en décomposition, et jusque dans les bacs à compost et le terreau, ce qui fait qu'on trouve régulièrement cette espèce dans les jardins. Les adultes volent durant le début des nuits d'été très chaudes. Si l'on veut attirer cette espèce dans son compost (elle n'y occasionne aucun dégât), on peut y ajouter un peu de bois mort et de vieilles feuilles.
Des espèces encore plus grosses et plus massives se

Rhinocéros de nos campagnes...

développent en Amérique centrale et du Sud – dont le célèbre dynaste hercule *Dynastes hercules* (Linnaeus) des Antilles dont le mâle, grâce à sa prodigieuse corne thoracique, peut atteindre jusqu'à 17 cm de long.
Plus fréquentes, davantage colorées, mais plus petites, les cétoines (Cetoniidae) ne sont pas rares dans les jardins où elles se développent dans les arbres creux, le terreau et le compost. Leur larves évoquent celles des rhinocéros, mais en plus petit, et la tête est proportionnellement plus petite.
Bien plus rare dans les jardins, mais adepte des vieilles haies et autres anciens vergers, le pique-prune *Osmoderma eremita* (Scopoli 1763) est désormais une espèce protégée en France (depuis l'arrêté du 23 avril 2007) et qui a eu « l'honneur » d'être à l'origine de l'interruption momentanée de la construction de l'autoroute reliant Alençon au Mans (entre 1996 et 2002) !
La grosse larve se développe dans le terreau et autres caries des arbres sénescents ou morts (châtaigniers, chênes, de préférence), et l'adulte ne s'écarte que très peu des troncs.
Il arrive cependant qu'on le signale sur le mur d'une maison et autres abords des habitations en régions de bocages...

44 Mes beaux tilleuls ont-ils des clous qui poussent ?

Avec les résineux et les arbres fruitiers, le tilleul compte encore parmi les arbres fréquents dans les grands jardins. Son houppier ample et étalé a souvent la forme de ses propre feuilles, ce qui en fait l'arbre parfait à dessiner pour les enfants...
Aussi, certaines années, quand le feuillage se trouve entièrement recouvert de petites cornes rouges, il y a de quoi être contrarié. Ces cornicules pourprées au recto des feuilles sont en fait des galles de 0,3 à 0,5 mm de long provoquées par un acarien qui ne fait pas plus de 0,2 mm. Après avoir hiverné dans les crevasses du tronc, ces bêtes microscopiques piquent les feuilles au printemps, provoquant ainsi leur déformation. L'impact sur l'arbre est quasi nul, mais la présence de ces petits « clous » peu dérouter l'observateur...
Plusieurs autres espèces d'acariens se développent sur les feuilles du tilleul, certaines galles étant plutôt pustuleuses, mais les plus grosses galles qu'on peut observer ne sont pas celles d'un acarien mais d'un insecte, le diptère *Didymomyia tiliacea* (Bremi). Les larves de cet insecte provoquent en effet des pustules de 6 × 4 mm, d'abord vertes, puis jaunes et enfin

brunes où deux à trois larves se développent. Les adultes sont de petites mouches insignifiantes qui volent au printemps.

Mes beaux chênes « ont la galle ! »

Parmi les galles les plus spectaculaires des plantes du jardin, on note surtout celles du cynips du rosier *Diplolepis rosae* (Linnaeus), hyménoptère (Cynipidae). À l'état adulte, cet insecte évoque une petite mouche insignifiante de 4 mm de long (on ne voit presque jamais le mâle qui est très rare). La femelle pond au printemps dans les rameaux de rosiers (ou d'églantiers) et la larve produit par sa présence une énorme galle pelucheuse vert à rouge contenant plusieurs loges (cette excroissance singulière est nommée bédégar). Les vieilles galles brunies restent plusieurs années sur les rameaux. L'impact sur le rosier est négligeable, et beaucoup s'accommodent de cette drôle d'ornementation sur leurs rosiers.

Fait notable, le bédégar aurait des vertus proches de celles des fruits du rosier (cynorrhodons) : antiscorbutique, antiseptique, antigrippal...

D'autres cynips provoquent des galles sur les feuilles de nos rosiers, mais celles-ci sont moins spectaculaires.

45 Mais que fait donc ce gendarme dans mon jardin ?

Il n'est pas rare que des gendarmes se soient installés dans notre jardin...

Il s'agit évidemment de la punaise *Pyrrhocoris apterus* (Linnaeus) (Hemiptera, Pyrrhocoridae). À l'état adulte, cet insecte présente une livrée aposématique (indiquant aux prédateurs qu'elle n'est pas très bonne), essentiellement rouge vif, avec des marques noires bien nettes, notamment un gros point noir sur chaque corie (partie basale de l'aile supérieure), tandis que les juvéniles sont encore plus rouges... Le nom vernaculaire de cette espèce fait donc allusion à l'uniforme des gendarmes (de l'Ancien Régime), mais on l'a, pour les mêmes raisons, appelée « suisse », « soldat », « diable cherche-midi ».

Les gros « yeux » des gendarmes te regardent...

Cette punaise est très répandue de l'Europe à la Chine occidentale, mais on l'a également signalée en Amérique du Nord et centrale. Il n'est donc pas surprenant qu'on la rencontre dans nos jardins où elle est souvent très fréquente, du fait qu'elle hiverne à l'état grégaire sous les écorces, les pierres, et autres lieux abrités.

Sa nourriture est très variée, allant des graines (mauves, tilleuls) aux insectes morts, œufs d'insectes et autres charognes. Larves et adultes sont grégaires, et aucun stade ne présente de glandes répugnatoires, comme souvent chez les grosses punaises.

Il est fréquent de voir les jardiniers se débarrasser de cette espèce commune, alors qu'elle n'occasionne aucun dégât aux cultures et fait partie de la biodiversité du jardin...

Autres punaises susceptibles de fréquenter le jardin et d'ornementation similaire, la punaise équestre *Lygaeus equestris* (Linnaeus) (Lygaeidae), sans poils érigés sur le scutellum, et sa sœur jumelle *Lygaeus simulans* Deckert, avec des poils érigés sur le scutellum, se développent notamment sur le pissenlit et le dompte-venin officinal *Vincetoxicum hirundinaria*.

La punaise à damier *Spilosthetus saxatilis* (Scopoli) (Lygaeidae) présente une ornementation semblable, quoique bien davantage chargée de noir (les cories, en particulier, sont entièrement bordées de noir). Cette punaise de 9 à 12 mm de long se développe sur les rosacées, les astéracées et les apiacées. Les immatures sont presque entièrement rouges, sans être à proprement parler grégaires ; les sujets de cette espèce sont souvent observés en nombre.

46 Pourquoi des punaises vertes sont-elles « clouées » à mes aubergines ?

La punaise verte *Nezara viridula* (Linnaeus) (Pentatomidae) est l'une des espèces fréquentes dans les jardins. Les adultes exhibent une belle couleur vert brillant uniforme, avec seulement quelques points blancs en haut du scutellum, tandis que les juvéniles ont une livrée bigarrée de vert, de blanc et de noir, selon le stade de développement. Cette jolie punaise compte parmi celles dotées de glandes répugnatoires, et donc nommées « puantes ». Longtemps grégaires, les larves se protègent ainsi des prédateurs, surtout des fourmis.

Cette espèce se développe sur de très nombreuses plantes basses (notamment sous serre), dont elle suce la sève grâce à son rostre, tous les organes de la plante pouvant être attaqués (tiges, fleurs, graines, gousses, etc.).

Malheureusement pour les agriculteurs, et dans une moindre mesure pour les jardiniers, cette punaise s'attaque volontiers à des plantes cultivées (et cela dans le monde entier), telles que la tomate, le haricot, l'aubergine, le concombre, le riz et le soja, tandis qu'on la rencontre également sur les crucifères et les *Datura* dans les friches. Dans certains cas, les conséquences économiques peuvent être graves, mais le plus souvent cette espèce reste inaperçue dans le jardin.

Les adultes de 12 à 16 cm de long sont verts au printemps et en été, mais brunissent avant l'hiver. Au printemps, après l'hivernage et l'accouplement, la femelle pond des groupes de gros œufs blancs en plaques. Les trois premiers stades larvaires sont rouge foncé, et les deux derniers stades sont verts à taches blanches.

Juvéniles et adultes piquent les plantes pour sucer leur sève, ce qui déforme les fruits (tomates, concombres) et provoque le dessèchement des boutons floraux.

Il ne faut pas confondre cette espèce avec une autre punaise verte *Palomena prasina* (Linnaeus) (Pentatomidae), sans points blancs et dont les larves sont toutes vertes.

Mis à part le fait qu'elle émet une odeur désagréable quand on l'inquiète, cette punaise aussi fréquente dans les bois que les jardins, n'occasionne aucun dégât, elle participe donc utilement à la biodiversité du jardin.

Par ailleurs, la punaise du peuplier *Anthocoris nemorum* (Linnaeus) (Anthocoridae), une petite punaise brune à pattes rousses, « compense » les méfaits de ses cousines vertes dans le jardin, du fait que c'est un redoutable prédateur qui s'attaque volontiers aux pucerons, acariens et autres petits ravageurs au corps mou...

Jolie punaise verte, partie à la découverte...

47 Les tachinaires : des mouches utiles, mais vous me taquinez ?

Dans le jardin, il faut savoir regarder les grosses mouches velues dans les yeux…
En effet, certaines, comme les tachinaires, préfèrent de loin les fleurs aux charognes. Il faut dire que leur vie privée n'est pas trop édifiante : elles se développent en effet pour la plupart dans le corps des chenilles ou des larves de punaises ou de sauterelles ! Mais c'est ce qui les rend souvent bien utiles et évite au jardinier d'utiliser les grands moyens (chimiques) pour éradiquer les pullulations de ravageurs. Les tachinaires ne sont certes pas les seules à effectuer cette besogne, mais ce sont sans doute les moins connues.

Féroce asticot donne belle mouche !

La tachinaire sauvage *Tachinaria fera* (Linnaeus) (Tachinidae), à l'abdomen orangé et noir, par exemple, vit aux dépens de divers papillons. Les adultes viennent butiner les fleurs, notamment celle des ombellifères et du thym où les femelles pondent. Quand une chenille passe à proximité, la larve de cette mouche s'y accroche et pénètre à l'intérieur pour dévorer progressivement les chairs (la chenille n'est pas tuée tout de suite). Il n'est pas rare que lorsqu'on entreprend d'élever des chenilles on obtienne davantage de mouches que de papillons…

Parmi les plus grosses tachinaires qui s'attaquent aux papillons, on peut citer la grande tachinaire *Tachina grossa* (Linnaeus) – au corps tout noir, sauf la tête qui est orangée – et qui s'attaque essentiellement aux plus grosses chenilles, comme celles des bombyx. Elle n'est plus trop fréquente dans les jardins, mais on la trouve encore dans les régions peu polluées.

De très nombreuses espèces de cette famille se sont spécialisées dans des hôtes particuliers, le plus souvent des lépidoptères, mais la sous-famille des Phasiinae, par exemple, est exclusivement parasite des punaises (surtout Pentatomidae). Les *Cylindromyia*, au corps rouge étroit et cylindrique, volent comme de petites guêpes sur les fleurs basses, de même que les *Gymnosoma*, au corps rouge et noir globuleux, tandis que

les gros *Phasia* ont un corps comprimé dorso-ventralement et imitent des punaises (qu'ils parasitent…).
L'alophore hémiptère *Phasia hemiptera* (Fabricius) (Tachiniidae) n'est en particulier pas rare sur les fleurs en fin d'été ; le mâle est grand et coloré, mais la femelle est nettement plus petite et plus terne. Il se développe aux dépens de grosses punaises, communes dans le jardin, *Pentatoma rufipes* (Linnaeus) et *Palomena prasina* (Linnaeus) (Pentatomidae), et à l'intérieur desquelles la larve grandit et finit par tuer son hôte avant de sortir…
Des mouches appartenant à la petite famille voisine des Rhinophoridae sont parasitoïdes des cloportes, ce qui est une biologie singulière, mais d'autres (Sciomyzidae) se développent aux dépens des mollusques terrestres, ce qui est tout aussi étonnant.

48 Le staphylin odorant : un bon petit diable ?

Un matin dans le jardin après la pluie, les limaces et les escargots côtoient encore les vers de terre sur l'allée dallée où je sors bravement en pantoufles… Tout à coup, un animal tout noir me coupe le passage en redressant une partie de son corps. Mais quel est donc ce drôle de petit diable surgi de sa boîte ? Un examen plus approfondi me révèle enfin qu'il s'agit d'un insecte noir de 2 cm de long, le staphylin odorant – ou diable – *Ocypus olens* (Müller) (Coleoptera, Staphylinidae). En plus de cette posture d'intimidation, ce coléoptère dégage une odeur un peu acidulée – d'où son nom. Si l'on veut le saisir, il peut même mordre avec ses fortes mandibules, mais il ne cherche en aucun cas à attaquer l'homme.
Le staphylin odorant est un vrai lion dans le jardin où il pourchasse sans relâche larves, escargots, limaces et autres acariens. Contrairement à nombre de ses congénères, il est inapte au vol.

Vous n'êtes pas au parfum ? C'est un staphylin odorant !

Par son régime alimentaire, cette espèce est un auxiliaire précieux du jardinier, et il faut s'efforcer de lui ménager des abris, comme des pierres plates ou des morceaux de planches. Son milieu naturel est la litière riche en feuilles mortes et en bois mort. On l'observe surtout en fin de saison et il lui arrive de pénétrer accidentellement dans la maison. Il faut donc le ménager !
De nombreux autres staphylins ont un régime alimentaire semblable et sont utiles aux cultures, même si leur plus petite taille les fait plus facilement passer inaperçus. Une des façons de constater leur abondance est d'observer tout ce qui vole au soleil en soirée lors des premières belles journées de l'année (souvent à la fin mars) ; on observe toutes sortes de moucherons, mais si l'on attrape ces minuscules insectes pour voir à quoi ils ressemblent, on découvre avec étonnement que la plupart sont de tout petits staphylins. Pour ces insectes, le point de ralliement dans le jardin est souvent le bac à compost où abondent des larves tendres de moucherons ! En fait, plus de 2 000 espèces sont recensées d'Europe, la famille des Staphylinidae étant l'une des plus grandes qui soit.
D'une manière analogue, les Carabidae sont des insectes utiles au jardinier. Outre le carabe doré (traité séparément ici), nombre de petits carabiques dévorent les petites larves, comme celles des diptères, même si quelques espèces préfèrent les graines et peuvent être localement néfastes, comme le zabre bossu *Zabrus tenebrioides* (Goeze), qui était jadis un gros ravageur des céréales.

49 Mais quels sont ces entonnoirs près du cellier ?

Il n'est pas rare d'observer des trous en forme de cône inversé sous le rebord des fenêtres ou autres lieux où la pluie a difficilement accès. Ces « entonnoirs », souvent accolés, sont produits par les larves d'un insecte de belle taille (plusieurs centimètres d'envergure) mais qui passe presque inaperçu, le fourmilion (Neuroptera, Myrmeleontidae). Plusieurs espèces peuvent se rencontrer dans nos régions, mais la plus fréquente aux abords des habitations est le fourmilion parisien *Euroleon nostras* (Fourcroy), du fait que ses entonnoirs ne fonctionnent qu'à l'abri de la pluie.
Au cœur de cet entonnoir, la larve à moitié enfouie attend ses proies toutes mandibules dehors. Les malheureuses victimes

sont le plus souvent des fourmis égarées qui s'enfoncent inexorablement vers les mâchoires acérées, tandis que le fourmilion (il porte bien son nom) agite le sable pour l'empêcher de remonter. Les fourmilions ont besoin d'un sol meuble, surtout du sable, mais la terre nue à l'abri de l'eau acquiert une consistance poudreuse qui leur convient bien aussi.
Malgré l'efficacité de ce piège, il arrive qu'aucune proie ne passe avant longtemps, et le fourmilion peut survivre près d'une année sans s'alimenter (constatation personnelle avec une larve oubliée dans un tube en verre de transport et qui était encore vivante plusieurs mois après !).
L'adulte est un grand insecte ailé dont l'activité se résume à quelques soirs d'été. Il est parfois attiré par la lumière des habitations. Ses ailes hyalines présentent de très nombreuses petites nervures formant un fin réseau.
Le fourmilion parisien n'est pas trop bien nommé – mais c'est un Parisien qui s'en est chargé ! – puisqu'on le retrouve jusqu'en Suède (méridionale) ; il a même atteint le Caucase vers l'est et le Maroc.
Le fourmilion commun *Myrmeleon formicarius* (Linnaeus) est moins fréquent dans les jardins car, du fait qu'il construit ses pièges en terrain découvert, il faut que le sol soit nettement sablonneux (voire sableux) pour que les pièges sèchent très vite après la pluie et restent fonctionnels (s'ils sont détruits, la larve le reconstruit une fois le sable sec). Sinon, ses entonnoirs sont du même type et il attrape les mêmes proies.
Seuls quelques détails de la nervation et de l'ornementation du thorax permettent de distinguer les adultes des deux espèces…
Dans le Midi, de nombreuses autres espèces de fourmilions se rencontrent, parfois dans les jardins. Le plus singulier et le plus grand, est le grand palparès *Palpares libelluloides* (Linnaeus), de 50 à 60 mm d'envergure et dont les grandes ailes sont ornées de grosses macules brunes mais qui, pour le coup, ne creuse pas d'entonnoirs.

Un splendide palparès qui s'ajoute à mon palmarès !

50 Qui rogne toutes mes asperges ?

Mes plants d'asperges perdent leurs feuilles et les turions (jeunes pousses) virent au brun jaunâtre avant de se dessécher. Mais que se passe-t-il ?

En fait, en y regardant de plus près, on verra que les dégâts sont dus à deux petites espèces de chrysomèles (Chrysomelidae), la criocère de l'asperge *Crioceris asparagi* (Linnaeus) et la criocère à douze points *Crioceris duodecimpunctata* (Linnaeus).

La criocère de l'asperge, souvent plus commune (mais les deux espèces peuvent cohabiter), fait 6 à 8 mm de long, les élytres noires présentent six taches jaune clair, le thorax étant rougeâtre. Deux générations se succèdent de mai à septembre. La larve grise à tête noire a tout le corps recouvert d'un mucus noir, elle atteint jusqu'à 10 mm de long, et grignote sans relâche les parties végétatives de l'asperge.

La criocère à douze points atteint 5 à 6 mm de long, les élytres jaune orangé présentent des petits points noirs bien nets, le thorax étant uniformément roux. Sa biologie est semblable à celle de l'espèce précédente.

Malheureusement, deux autres insectes se régalent avec les asperges, la mouche de l'asperge *Plioreocepta poeciloptera* (Schrank) (Trypetidae) et la mouche grise des semis *Delia platura* (Meigen) (Anthomyiidae) !

Très gros plan sur le joli dessin du criocère

La mouche de l'asperge est une jolie petite mouche de 6 à 7 mm d'envergure, aux ailes ornées d'arabesques noires ; elle est inoffensive à l'état adulte, mais sa larve, un tout petit asticot blanc à apex pointu, fore des galeries dans les griffes d'asperges. Quand elle n'est pas loin de la maturité et a atteint quelque 10 mm de long, ses galeries gênent la circulation de la sève et les tiges s'étiolent. Au bout de trois années d'attaques, la plante est bien affaiblie et n'émet plus de turions (partie normalement réservée à notre seule consommation !).

La mouche des semis (3 à 6 mm de long) est une petite mouche grise au thorax gris jaunâtre orné d'une bande médiane longitudinale brunâtre. Elle n'est pas uniquement spécialisée dans l'asperge mais elle s'y attaque pourtant régulièrement. Les turions sont déformés, voire éclatés, et leur

goût peut être amer. D'une manière générale, les dégâts dépendent de la quantité de larves présentes. Parmi ses autres « victimes », la mouche des semis compte les plantules de haricot, les tiges de lupin, le semis de maïs, et bien d'autres bulbes et semences.
Dans le Midi, deux lépidoptères proches, *Parahypopta caestrum* (Hübner) et *Parahypopta radoti* Hombert (Cossidae) s'attaquent aux racines des asperges.

51 Que fait cette coquette sur mon pommier ?

La zeuzère du marronnier (ou du poirier) *Zeuzera pyrina* (Linnaeus) (Cossidae) est souvent nommée « coquette », et ce nom lui va bien car son ornementation est particulièrement soignée. En effet, les quatre ailes blanches sont piquetées de points noirs, le tout évoquant une réticulation. Tête et thorax blancs sont de neige, et ce dernier présente trois gros points noirs bien nets. L'abdomen enfin, présente une grosse tache noire quadrangulaire sur fond blanc, pour chaque segment ... L'envergure varie beaucoup (de 45 à 65 mm), selon la quantité de nourriture qu'a pu ingérer la chenille. Dans la main, ce papillon est étonnamment indolent. En lui-même, le papillon adulte ne cause pas de dégâts, mais les larves s'en chargent. S'aidant de son long oviscapte (tarière), la femelle insère ses

Voici la coquette dans son bel habit d'hermine...

œufs dans le bois. La chenille (qui atteint 5 à 6 cm à maturité) est jaune crème et marquée de points noirs, elle fore une galerie dans les troncs ou au cœur des branches, ce qui les affaiblit, et elle finissent parfois par se briser par vent fort. On détecte sa présence par les petits tas de sciure humide (les excréments) qui s'accumulent au pied des arbres ou arbustes touchés. Elle achève son développement complet en deux ans, ce qui fait que le papillon est plus fréquent certaines années.
Parmi les arbres le plus souvent attaqués par cette espèce, on dénombre le pommier, le poirier, le bouleau, l'érable et l'aubépine, mais bien d'autres essences (sauf les résineux) sont touchées. Il est difficile d'éviter les attaques (seulement sporadiques), du fait que les chenilles restent dans le bois et sont toujours isolées.
Beaucoup plus massif et davantage terne, le cossus gâte-bois (ou simplement « gâte-bois ») *Cossus cossus* (Linnaeus) (Cossidae) est plus rare dans les jardins, même s'il s'attaque volontiers aux arbres fruitiers. Bien qu'il atteigne une envergure de 60 à 75 mm, son ornementation cryptique (les quatre ailes brun rouille marbrées d'un réseau noir et blanc) le rend difficile à apercevoir, d'autant qu'il n'est pas attiré par la lumière. La grosse chenille brun rougeâtre et jaunâtre latéralement, et à tête noire, peut atteindre jusqu'à 100 mm à maturité. Elle se développe dans le bois des arbres vivants qui s'en trouvent affaiblis. Elle expulse à l'extérieur ses déjections sous forme de sciure, en tas rougeâtres, au pied des arbres touchés. Leur forte odeur de vinaigre est caractéristique et liée aux substances antifongiques qu'elle sécrète... Le papillon apparaît en juillet-août.

52 Fourmis du jardin, chagrin ?

Parmi les premiers insectes qu'on observe dans le jardin, les fourmis (Hymenoptera, Formicidae) occupent les toutes premières places, aux côtés des gendarmes et des guêpes. Non qu'elles soient particulièrement grosses et spectaculaires – certaines sont même très petites –, mais en raison de leur abondance ; on les trouve jusque dans les maisons.
Si, près des habitations, les nids sont essentiellement souterrains, les colonies peuvent cependant devenir envahissantes. Il n'est pas rare que les jardiniers veuillent s'en débarrasser, ce qui leur pose souvent de gros problèmes !
Pourtant, il faut savoir que ces hyménoptères ont un impact positif sur l'environnement. En effet, outre qu'elles éradiquent

une foule d'insectes indésirables, elles émettent pour protéger leur progéniture toute une gamme de substances insecticides, fongicides, bactéricides, et même, dit-on, « virucides » (qui tue les virus). D'une manière générale, leur aptitude à vivre en société, en se nourrissant par trophallaxie par exemple (régurgitation d'une partie de la nourriture pour la restituer à une autre fourmi *via* un « jabot social »), en bâtissant des abris collectifs, en se défendant collectivement, en communiquant efficacement (notamment avec des phéromones, substances chimiques odoriférantes), et leur étonnante résistance physique en font les insectes actuellement les plus aptes à s'imposer sur Terre.

Petites fourmis noires, « insecticides » notoires...

Alors que dire dans le jardin...
La fourmi noire des jardins *Lasius niger* (Linnaeus) est une des fourmis les plus communes du jardin. Les ouvrières sont brun foncé à noir, font 3 à 4 mm de long, tandis que les reines atteignent 9 à 11 mm. Les nids sont établis essentiellement dans la terre. Chaque colonie regroupe 5 000 à 15 000 individus, selon la période. Elle est fondée après essaimage en été (souvent par temps orageux, tandis que des nuées de fourmis ailées s'abattent en ville !). La fourmilière est élaborée, et la colonie est pérenne (on sait qu'une ouvrière peut vivre trois ans, et qu'une reine fondatrice survit jusqu'à vingt années !).
La fourmi noire est considérée comme omnivore. Elle s'attaque à de petites proies comme les insectes qu'elle parvient à saisir, mais raffole également du miellat des pucerons (qu'elle n'hésite pas à élever comme des animaux domestiques...).
Fait moins connu, cette fourmi soigne les chenilles de plusieurs espèces de papillons de jour, notamment celles de l'azuré porte-queue *Lampides boeticus* (Linnaeus) et de l'azuré des nerpruns *Celastrina argiolus* (Linnaeus) (Lycaenidae), en échange des substances régurgitées par ces chenilles et dont elles raffolent...

53 Pourquoi les appelle-t-on abeilles coupeuses et charpentières ?

Pourquoi les feuilles de mon rosier sont-elles coupées à l'emporte-pièce ?

Telle est la question qu'on pourrait se poser, tant il est fréquent que cela se produise (les feuilles du fusain subissent souvent le même sort). Il s'agit en fait du travail des mégachiles, dont *Megachile centuncularis* (Linnaeus) (Apidae ou Megachilidae) ; la femelle de cet hyménoptère aux longues mandibules acérées découpe, fort rapidement, des morceaux de feuilles ovales ou ronds pour élaborer des étuis en forme de cigare afin de garnir les cellules du nid, lequel est placé dans une tige sèche ou dans un trou de muraille, où elle pond. La femelle place pollen et nectar dans les cellules pour approvisionner les jeunes larves en nourriture. Les chalicodomes apparentés, comme *Chalicodoma parietina* (Geoffroy 1785), ne découpent pas de feuilles pour élaborer leurs cellules mais préfèrent de la résine végétale pas totalement sèche. La femelle élabore de petits nids à base d'argile et de sable agglutinés sur des pierres.

Un xylocope sur une fleur de cucurbitacée, c'est drôle assez !

Au premier printemps, il n'est pas rare d'apercevoir un énorme « bourdon » noir bleuté dont le vol bruyant attire l'attention, il s'agit sans doute du xylocope violet, ou abeille charpentière *Xylocopa violacea* (Linnaeus) (Apidae). Cet hyménoptère massif qui atteint 18 à 25 mm de long peut inquiéter, mais il n'est absolument pas agressif et ne cherche pas à piquer. S'aidant de sa très longue langue, il peut butiner dans les corolles profondes pour en extraire le nectar, ce à quoi il s'emploie au printemps après l'hivernage (il fréquente en particulier les chatons de saules, mais préfère les fleurs de labiées comme celles de la lavande). Cette espèce au vol puissant peut s'éloigner de son nid de plusieurs kilomètres avant d'y revenir. Cette espèce apparentée à l'abeille reste pourtant solitaire (ne forme pas de colonies élaborées).

S'aidant de ses robustes mandibules, la femelle creuse dans le bois mort sec (comme celui des poteaux, mais parfois aussi celui des charpentes de chêne pourtant traité) une galerie horizontale d'entrée menant ensuite à un couloir vertical de 15 à 30 cm (pour 1,5 cm de diamètre) au fond duquel sont élaborées 10 à 15 cellules alignées les unes derrière les autres, à base de bois mâché et de salive, chacune hébergeant une larve dotée d'un bloc de pollen pour se nourrir.
Plusieurs autres espèces de xylocopes se rencontrent dans le Midi, mais il semblerait que le xylocope violet étende son domaine vers le nord, du fait du réchauffement climatique.

54 *Cotesia, Ophion*, ichneumons : vous avez dit parasitoïdes ?

Dans la lutte biologique (celle qui évite les « produits chimiques »), les hyménoptères parasitoïdes constituent un groupe d'organismes majeur et sont à l'origine de nombreux succès économiques et environnementaux. Depuis un siècle, quelque 1 200 introductions ont été tentées dans le monde, près de la moitié ayant permis l'établissement de l'animal, avec une réduction au moins partielle des populations des ravageurs visés, et ce à un coût intéressant.
Par ailleurs, beaucoup d'hyménoptères parasitoïdes régulent les populations de nos ravageurs des cultures « gratuitement » : ils sont autochtones et bien actifs.
Les espèces des genres *Ichneumon* et *Ophion*, en particulier, ont des larves endoparasites (parasites internes) de lépidoptères diurnes ou nocturnes.
Dans les jardins, *Ophion luteus* (Linnaeus) (Ichneumonidae) est très commun, même s'il peut passer inaperçu, car nocturne. Cette grande espèce de 15 à 20 mm de long, à l'abdomen comprimé latéralement, est entièrement jaune-brun (sauf la membrane alaire). Sa larve endoparasite se développe dans le corps de chenilles de divers papillons de nuit. Il n'est pas rare que cet hyménoptère soit attiré par la lumière, mais il faut éviter de le saisir à la main car il pique !
Ichneumon suspiciosus Wesmaël (Ichneumonidae) est l'une des espèces communes de son genre. Il atteint environ 1 cm de long, son corps est noir et jaune, et les pattes sont toutes jaunes. On le rencontre en été en train de butiner les ombellifères, comme bien d'autres espèces apparentées à la biologie et l'ornementation proches. La larve est endoparasite des

chenilles de papillon diurnes, dans lesquelles la femelle insère son long ovipositeur pour pondre....

La très vaste famille des Brachonidae regroupe des petits hyménoptères parasitoïdes qui se développent aux dépens d'insectes (en ectoparasites), notamment des lépidoptères. Parmi ceux-ci, l'un des plus emblématiques du jardin devrait être *Cotesia glomerata* (Linnaeus), nommé aussi *Apanteles glomeratus*, qui se développe aux dépens des piérides, notamment de la piéride du chou *Pieris brassicae* (Linnaeus), ce qui en fait un auxiliaire du jardinier. Toutefois, ce parasitoïde est sensible à plusieurs pesticides (il faut donc bien choisir sa stratégie de combat !). Cette petite « guêpe » de 7 mm de long environ, évoquant vaguement une fourmi volante, pond 20 à 60 œufs sur une chenille (du premier stade de préférence). Chaque femelle peut pondre 150 à 200 œufs au cours de sa vie ! Les larves ectoparasites (parasites externes) se développent en environ 25 jours. À la fin, la chenille couverte de cocons de *Cotesia* périclite, tandis que ceux-ci éclosent. En fin de saison, jusqu'à 75 % des chenilles peuvent être parasitées... Cet auxiliaire précieux a été introduit en Amérique.

Femelle d'ichneumon en train de pondre...

Faire mouche et frôler les frelons...

55 Mouche des greniers, mouche verte ou bleue... qui fait mouche ?

Jamais les bienvenues, et désormais rares dans les maisons bien entretenues, les grosses mouches se rattrapent dans le jardin, et parfois dans les dépendances.

Imaginez que vous ayez quelque peu oublié votre grenier ces dernier temps, et que, en fin d'été, vous envisagiez de participer à un « vide-greniers ». Vous allumez la pièce, entrez pour fouiller à la recherche de vieilleries à solder et, quelle horreur, une pullulation de grosses mouches grises velues et vrombissantes surgit de la pénombre... Il arrive que ce tableau ne soit pas exagéré (des gens appellent les pompiers !). En fait, il s'agit d'un phénomène bien connu d'hivernage grégaire de la mouche des greniers *Pollenia rudis* (Fabricius) (Calliphoridae). Si leur abondance dérange, elles sont inoffensives bien que véhiculant toutes sortes de bactéries, et elles sortent au printemps butiner le nectar des fleurs et les sécrétions des animaux (larmes, bave, morve) qu'elles peuvent incommoder. La larve de cette mouche est parasite des vers de terre, d'où l'abondance de l'espèce dans les jardins bien arrosés.

Plusieurs espèces proches sont connues. Parmi les rares mouches qui s'égarent dans la maison, la mouche bleue *Calliphora vomitoria* (Linnaeus) (Calliphoridae) n'est pas la mieux tolérée. Son aspect velu, sa couleur bleu foncé et son vol vrombissant très bruyant sont généralement mal supportés. Le plus souvent, c'est à l'approche de l'hiver qu'on les voit car elles cherchent à hiverner à l'abri. Sinon, elles fréquentent volontiers les fleurs mais leur nourriture préférée reste les charognes et, il faut le dire, les excréments, où elles pondent généralement. Sinon, elles aiment se réchauffer au soleil, sur les murs du jardin. Les larves sont des asticots blancs qui se développent dans les matières en décomposition.

Grosse mouche au thorax velu : il en faut pour tous les goûts...

Les mouches vertes sont réparties dans plusieurs familles, mais la plus commune, *Lucilia sericata* (Meigen) (Calliphoridae) est l'une des plus communes (avec sa cousine la mouche dorée *Lucilia caesar* (Linnaeus). Ces deux mouches butinent les fleurs du jardin et des haies. Leur recherche de pollen et de nectar en font d'utiles pollinisatrices à préserver. Elles pondent dans les matières en décomposition, les charognes, où leurs larves se développent.

Du fait qu'elles arrivent en premier sur les corps en décomposition (première escouade), leur utilisation en entomologie médico-légale (dite forensique) est désormais fondamentale (pour évaluer au plus près le délai post-mortem minimal)...

56 Les volucelles sont bien celles que nous avons voulues ?

Si on se fie aux apparences, il existe des guêpes qui ne piquent jamais... En fait, ce ne sont pas des guêpes, ni même des hyménoptères, mais de simples grosses mouches actives « dont le costume, zoné de bandes jaunes et brunes, présente une vague ressemblance avec celui des guêpes », selon Jean-Henri Fabre dans ses *Souvenirs entomologiques*.

Dans le jardin, il n'est pas rare, surtout en fin d'été, d'observer une volucelle (Syrphidae) en train de butiner certaines fleurs comme celles du buddleia, du lierre en automne, de la ronce en été, ou de diverses ombellifères. Deux espèces de volucelles ont une livrée qui évoque une guêpe, la volucelle zonée *Volucella zonaria* (Poda) de 16-18 mm de long et à deux bandes jaunes sur l'abdomen, et la volucelle vide *Volucella inanis* (Linnaeus) de 14-16 m de long, et à trois bandes jaunes sur l'abdomen. La larve de ces deux espèces se développe dans les nids des guêpes et des frelons, les parasitant ou rognant leurs déchets. Leur vol est vigoureux et assez bruyant, mais en aucun cas ces insectes ne peuvent (ni ne veulent) piquer…
Fait étonnant, la volucelle-bourdon *Volucella bombylans* (Linnaeus), dont la larve est prédatrice et charognarde dans les nids de bourdons (mais aussi de guêpes), présente plusieurs formes qui imitent chacune une espèce de bourdon différente !
Toutes ces mouches très friandes de nectar peuvent pratiquer un vol stationnaire pour inspecter les fleurs.
Parmi les belles mouches à livrée vespoïde (qui imite celle de guêpes), on peut mentionner plusieurs espèces de syrphes (Syrphidae) communes dans les jardins, certaines parfois migratrices. C'est le cas, par exemple, du syrphe du groseillier *Syrphus ribesii* (Linnaeus) qui butine les fleurs, parfois en nombre, d'avril à septembre, lorsqu'il fait assez beau. La larve se développe aux dépens des pucerons, ce qui en fait une espèce précieuse à « bichonner ». Bien plus abondant, car migrateur régulier, le syrphe ceinturé *Episyrphus balteatus* (Degeer), au corps étroit, butine presque toutes les

En cas de pullulation de syrphe ceinturé, circulation sur les fleurs saturée !

fleurs disponibles du jardin, tandis que sa larve extermine les pucerons et les larves de tenthrèdes (hyménoptères)...
Beaucoup moins fréquente dans les jardins, mais très spectaculaire, la milésie vespiforme *Temnostoma vespiforme* (Linnaeus) est une espèce de syrphe dont la larve se développe dans le bois pourri des vieux feuillus, l'adulte au corps jaune et noir imitant parfaitement une guêpe. Il faut donc une petite partie boisée humide dans le jardin pour que cette espèce puisse s'y développer.

57 Peut-on frôler les frelons sans frissonner ?

Les visites du frelon dans le jardin ne sont pas trop fréquentes, d'autant que ses nids, contrairement à ceux des guêpes, sont peu populeux (une centaine d'individus, ce qui n'est déjà pas rien). Mais comme une espèce invasive faisant son nid en haut des arbres (désormais établie dans le Sud-Ouest et qui tend à se répandre vers le nord) ne craint pas de s'établir près des habitations, il est bon de mieux connaître les mœurs de ces gros hyménoptères...
Le frelon d'Europe *Vespa crabro* (Linnaeus) (hyménoptère Vespidae) est le plus gros vespidé originaire de nos régions. Si le mâle dépasse à peine les 25 mm et les ouvrières se situant entre 18 et 23 mm, la femelle mesure entre 24 et 45 mm de long ! Le corps est essentiellement jaune et noir, avec une forte

Frelon asiatique guettant ses proies à la sortie de la ruche !

suffusion de roux ferrugineux. Ce prédateur se nourrit essentiellement de guêpes, d'abeilles et de mouches, mais il adore aussi les fruits bien mûrs (ce qui l'attire dans les vergers !) et le miel qu'il n'hésite pas à piller dans les ruches.
Le frelon d'Europe n'est pas *a priori* agressif et ne pique que lorsqu'il se sent menacé (par exemple si on s'approche à moins de 2 à 3 m de son nid). Sa piqûre est très douloureuse, mais n'est généralement pas plus dangereuse que celle d'une guêpe ou d'une abeille (si l'on n'a pas de réaction allergique).
Le frelon asiatique (ou frelon à pattes jaunes) *Vespa velutina* (Lepeletier), originaire du nord de l'Inde et de la Chine, a été introduit accidentellement en France vers 2004 et s'y est depuis répandu en Aquitaine et même au-delà vers le nord et le sud. Plus petit que le frelon autochtone (la reine atteint « seulement » 35 mm), il est nettement plus foncé, le corps est peu marqué de jaune (essentiellement à l'apex de l'abdomen), thorax et pattes (sauf les tarses jaunes) étant noirs. C'est un autre prédateur prolifique dont les énormes nids sphériques (jusqu'à 80 cm de diamètre) souvent établis dans les arbres à plusieurs mètres de haut, peuvent héberger jusqu'à 2 000 sujets, ce qui en fait à plus d'un titre une espèce envahissante. Cet « Attila des ruchers » s'attaque essentiellement aux abeilles (il mange aussi les fruits et le nectar) et il est craint des apiculteurs. Pour nourrir ses larves, l'ogre capture chenilles, pucerons et fourmis. Il est moins agressif que le frelon européen, et sa piqûre ne serait pas plus douloureuse ni dangereuse (mais pas moins !). Pièges, appâts et destruction des nids sont employés pour lutter contre cet envahisseur, mais il vaut souvent mieux contacter les pompiers que d'agir soi-même (plusieurs piqûres sont dangereuses !).
Fait méconnu, le frelon d'Europe est devenu une espèce envahissante en Amérique du Nord (où il a été introduit accidentellement vers 1840) !

58 Les guêpes sont-elles les malvenues dans le jardin ?

Qui n'a jamais été piqué par une guêpe dans son jardin ? Au moins, qui n'a jamais été inquiété en s'y promenant ou en mangeant dehors (barbecue et autres) par une guêpe qui tournait autour des aliments ou des boissons.
En fait, à la belle saison, et surtout en fin d'été lorsque les fruits du verger sont mûrs, les guêpes ne sont jamais bien loin.

Jolie guêpe à la taille fine...

Mais en fait, qu'est-ce qu'une guêpe ? La question peut paraître futile, mais l'expérience montre que beaucoup nomment « guêpes » toutes sortes d'insectes ailés parmi lesquels les guêpes ne sont qu'un cas particulier.

Aussi, il faut tout d'abord savoir qu'il existe plusieurs espèces de guêpes, et que beaucoup d'insectes ont une livrée « vespoïde » qui tentent de nous faire croire qu'ils sont aussi féroces que leur modèle...

Les guêpes sont des insectes hyménoptères de la famille des Vespidae, au même titre que les frelons et les eumènes (guêpes maçonnes). Les guêpes (genres *Vespula* et *Dolichovespula*) ont un abdomen variablement annelé de jaune et de noir, leur corps est faiblement pubescent. Toutes bâtissent un nid en carton à base de fibre de bois et contenant des galettes horizontales (parfois une seule). Quelques centaines à plusieurs milliers y naissent en été. Les nids sont souvent dans le sol ou les habitations. Les guêpes adultes se nourrissent surtout de fruits mûrs (qu'elles endommagent), mais aussi d'autres substances sucrées et carnées ! Elles recherchent aussi des proies (chenilles, larves diverses, mouches et abeilles) dont elles font des boulettes pour nourrir leurs larves. Et c'est ainsi qu'elles peuvent être très utiles en détruisant de nombreux ravageurs des cultures (j'ai assisté à l'éradication complète d'une population de chenilles adultes de piérides du chou sur les capucines d'un jardin en moins d'une heure !).

La guêpe vulgaire *Vespula vulgaris* (Linnaeus) est la plus grosse et la plus fréquente de nos guêpes, et c'est probablement celle qui pique le plus souvent dans les jardins car elle nidifie

souvent près des habitations. Pour sa défense, elle détruit énormément de larves pour nourrir sa progéniture et peut, elle-même, être la proie de plus gros prédateurs...
De nombreux diptères (Syrphidae notamment), quelques lépidoptères (Sesiidae) et même des coléoptères floricoles (*Trichius*) exhibent la livrée « vespoïde » pour repousser leurs prédateurs par dissuasion, et il n'est pas rare que des gens mal informés confondent guêpe et abeille (l'abeille est velue et sans ornementation bien contrastée)....

59 Avez-vous le bourdon ?

À leur façon, les bourdons sont des messagers du printemps. En effet, dès les premières belles journées de mars, plusieurs gros bourdons ébouriffés apparaissent dans le jardin. Ce sont des reines qui ont hiverné et qui commencent à s'alimenter durant deux à trois semaines avant de chercher un emplacement pour fonder un nouveau nid. Dans nos régions, les espèces les plus précoces sont le bourdon des prés *Bombus pratorum* (Linnaeus), le bourdon des arbres *Bombus hypnorum* (Linnaeus) et le bourdon terrestre *Bombus terrestris* (Linnaeus), viennent ensuite le bourdon des pierres *Bombus lapidarius* (Linnaeus) et le bourdon des jardins *Bombus hortorum* (Linnaeus). Les bourdons constituent des colonies qui ne durent qu'une saison, les femelles fécondées en automne étant les seules à hiverner (de préférence dans un talus bien exposé), leur tâche étant de fonder une nouvelle société. Tout comme les abeilles, les bourdons appartiennent à la famille des Apidae (Hymenoptera) et sont des insectes sociaux. Il y a des sujets sexués (reines et mâles) et des ouvrières stériles. Cependant – fait peu connu –, les espèces les plus nordiques ont très peu, voire pas du tout d'ouvrières, car la période de développement brève ne permet pas de créer une vraie colonie !
Au tout début, la reine fondatrice doit se charger de tout : édification du nid et approvisionnement des futures larves.

Bourdon butinant une fleur de trèfle en bourdonnant...

Selon les espèces, le nid peut être souterrain, comme dans un nid de rongeur abandonné, sous des pierres, dans un trou de mur, dans un nid d'oiseau, au pied de grandes herbes. Le nid en lui-même est une grosse masse de mousse et d'herbe contenant des cellules de cire. Les ouvrières entassent pollen et nectar dans la corbeille de leurs pattes postérieures pour l'apporter au nid afin de nourrir les larves. Dotées d'une longue « langue » tubuleuse (en plus de solides mandibules utiles à la construction du nid et autres tâches), les ouvrières et les reines puisent le nectar dans les corolles les plus profondes.

Les bourdons butinent de l'aube au crépuscule et supportent des températures plus basses, ils participent donc plus activement que les abeilles à la fécondation des plantes cultivées.

De nombreuses espèces sont susceptibles de fréquenter nos jardins et, sachant qu'il existe de nombreuses variations géographiques, il n'est pas toujours facile de savoir déterminer les espèces, d'autant que les bourdons-coucous (sous-genre *Psithyrus*) ont une livrée qui ressemble un peu à celle des bourdons-hôtes. Ces commensaux parviennent à se faire nourrir par leurs hôtes, parfois en tuant leur reine, et ils n'ont pas eux-mêmes d'ouvrières.

D'autres parasites du nid comprennent des diptères, les bombyles (*Bombylius*, Bombyliidae), et des lépidoptères (Pyralidae, Galleriinae).

Les bourdons ont la faculté de piquer, mais il est rare que ces insectes placides en arrivent là.

60 Mes oreilles doivent-elles craindre les perce-oreilles ?

Ce matin, j'ai découvert avec stupeur que mes clématites avaient des pétales tout rongés, et que les jeunes feuilles étaient trouées et déchiquetées... Pourtant, pas plus tard qu'hier soir, je les admirai dans leur splendeur. Mais qui est le coupable ?

Nul doute qu'il s'agisse de perce-oreilles. Ces insectes ont en effet une activité nocturne et, comme il faisait doux, en ont profité pour se nourrir abondamment.

Les perce-oreilles, ou forficules, sont des insectes appartenant à l'ordre des dermaptères (Dermaptera), qui se caractérisent notamment par la présence de pinces abdominales (ou forceps) – généralement plus recourbées chez le mâle –, et par des élytres très courts. Les ailes postérieures peuvent être en revanche bien développées, même si ces insectes volent peu.

Forficule commun mais point ordinaire...

Du fait qu'ils sortent la nuit, on croyait jadis qu'ils pouvaient venir percer le tympan des dormeurs, mais il n'en est rien ! Fait notable, la femelle de nombreuses espèces soigne les œufs (elles les lèchent pour éviter que les moisissures ne s'installent), certaines s'occupant même des juvéniles. La plupart des mâles meurent pendant l'hiver tandis que les femelles survivent après avoir pondu dans un terrier en automne.

Le forficule commun *Forficula auricularia* (Linnaeus) (Forficulidae) est le plus fréquent dans le jardin. De jour, il se cache par exemple sous les pots de fleurs et sous les écorces.

La nuit, outre les végétaux comme les fruits mûrs, il dévore aussi des proies, comme les pucerons des rosiers et des capucines et les psylles.

Dans l'ensemble, le perce-oreille est plutôt un auxiliaire du jardinier, mais, en cas de pullulation, il peut occasionner des dégâts aux fruits (comme les pêches dans lesquelles on en trouve parfois). On a donc recours à des pièges qui ne sont que des abris (pot de fleur retourné comme une cloche et garni de paille) que l'on déplace (vers des colonies de pucerons) quand ces insectes s'y sont entassés...

Dans l'ensemble, les perce-oreilles tendent à se raréfier à cause des « biocides », et c'est bien dommage car ils participent à leur façon à la biodiversité.

61 Quels sont ces mouches et moucherons qui surgissent en nombre chaque année ?

Chaque année au printemps, des nuées de grosses mouches dégingandées toutes noires ou au thorax orangé, apparaissent dans le jardin, se posant à même la terre ou sur les arbres. Ces insectes indolents ont cependant un vol puissant. Leur vie semble éphémère et il est fréquent qu'on n'en voit déjà plus de trace au bout de quelques jours. Qu'est-ce donc ?

Il est probable qu'il s'agisse de la mouche de Saint-Marc *Bibio marci* (Linnaeus) (diptère Bibionidae), dont les larves gris noirâtre grégaires se nourrissent dans le sol de végétation en décomposition. Il peut tout aussi bien s'agir du bibion horticole *Bibio hortulanus* (Linnaeus) à la biologie semblable. La mouche Saint-Marc est toute noire chez les deux sexes (yeux séparés chez la femelle, se touchant chez le mâle), tandis que la femelle du bibion horticole est uniformément rouge brique à la face dorsale du thorax et de l'abdomen. *Bibio pomonae* (Fabricius), également tout noir, a cependant les cuisses en partie rouge vif. Plus petit, *Dilophus febrilis* (Linnaeus) (Bibionidae) abonde parfois jusqu'en septembre (sur les fleurs de lierre), la femelle se distingue du mâle par ses ailes enfumées. De nombreuses espèces peuvent se rencontrer, notamment en régions montagneuses.

Accouplement spectaculaire de bibions horticoles

Une petite mouche (5 mm) vert brillant métallisé volète près du compost. Les ailes repliées sur le corps au repos, on dirait une petite fourmi... Il est probable qu'il s'agisse de *Microchrysa polita* (Linnaeus) (Stratiomyiidae) dont la larve se développe dans le terreau ou le fumier. Elle est splendide mais très petite et n'a donc pas reçu de nom vernaculaire !

Autre moucheron dont la larve (« queue-de-rat ») vit dans les matières en décomposition, compost, fumier, crottin, la syritte piaulante *Syritta pipiens* (Linnaeus) (Syrphidae) se rencontre d'avril à octobre (souvent en nombre) sur les fleurs. Il s'agit d'une petite mouche mince de 6 à 9 mm de long dont les pattes postérieures ont un gros fémur, l'abdomen étant maculé de jaune orangé.

Comme son nom l'indique, la sylvicole des fenêtres *Sylvicola fenestralis* (Scopoli) (diptère Anisopodidae) se rencontre très souvent sur les fenêtres de la maison. Cette petite mouche svelte de 5 mm de long, paraît presque triangulaire au repos. Sa larve se développe dans les matières organiques en décomposition, comme dans les pommes de terre pourries, la sève suintant des arbres, ou même dans les champs d'épandage. Tous ces moucherons contribuent peu ou prou au recyclage des matières organiques et sont donc utiles, même si parfois on peut les trouver un peu encombrants. De toutes les façons, ils participent à la biodiversité du jardin…

62 Mais d'où sortent ces moustiques qui nous piquent ?

Ce soir, pas moyen de s'attarder au jardin sans se faire piquer par un moustique, mais d'où sortent dont ces bêtes féroces ? Ne savent-elles rien faire d'autre que piquer les pauvres amateurs d'apéritif qui veulent profiter du beau temps ? Chez les moustiques, on le sait, les femelles piquent les humains (mais également et surtout des oiseaux, les reptiles et de petits mammifères) afin que leurs œufs soient féconds. Leur bourdonnement caractéristique n'est produit que par la femelle : le mâle peut ainsi la repérer, chaque espèce ayant sa fréquence caractéristique. Cependant, près des habitations, leur présence est d'ordinaire plus une gêne qu'autre chose.

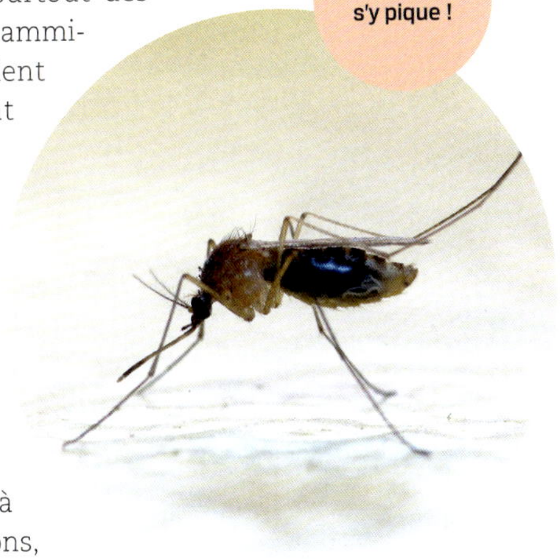

Qui s'y frotte s'y pique !

Fait notable, certaines espèces de moustiques n'hésitent pas à piquer à l'intérieur des habitations, tandis que d'autres ne le font qu'à l'extérieur.

Dans les jardins et aux abords des habitations, peu d'espèces de moustiques se rencontrent généralement, et il s'agit le plus souvent des mêmes moustiques ayant une biologie bien connue, de sorte que, pour éviter qu'ils se reproduisent sur place (à défaut de repousser les envahisseurs venus de plus loin) quelques mesures très simples s'imposent…

Si les moustiques adultes fréquentent volontiers les fleurs à la recherche de nectar (piquer les humains n'est pas leur seule activité), les larves – il faut le savoir – ne se développent que dans l'eau. Aussi, pour les empêcher de se développer près de chez nous, faut-il éliminer tous les réservoirs potentiels d'eau stagnante. Car ces insectes recherchent le plus souvent le moindre réservoir où, de fait, les prédateurs sont moins nombreux, récipients divers tels que vases, gouttières où l'eau stagne, bâches posées sur le sol, pots de fleurs et leurs soucoupes, seaux, brouettes, poubelles non couvertes, sans parler du type d'objets traînant encore dans les décharges « sauvages » : vieux pneus, boîtes de conserves, carcasses de voitures, etc.
On ne peut cependant pas supprimer les collecteurs d'eau du jardin (bien utiles), les puisards et éventuellement les latrines, ni même les trous pleins d'eau dans les arbres creux...
Sinon, les deux sexes recherchent essentiellement le nectar des fleurs, à la pollinisation desquelles ils contribuent, ce qui les rend déjà utiles dans ce domaine.
Par ailleurs, tant les larves que les adultes constituent un apport substantiel de nourriture pour de nombreux prédateurs (oiseaux et lézards, notamment). Les larves contribuent aussi au filtrage et à l'épuration de l'eau dans laquelle elles se développent...

63 Y-a-t-il trop de coccinelles cette année dans le jardin ?

Dans mon cabanon cet hiver, j'ai découvert un imposant amas compact de coccinelles apparemment endormies, et dont une partie avait visiblement été dévorée par des araignées. Faut-il s'en inquiéter ? La réponse est non.
En effet, ce phénomène de diapause hivernale est bien connu, et ces proliférations momentanées (généralement sous des écorces ou dans la mousse) restent sans conséquences néfastes. Bien au contraire. Les coccinelles sont en effet de grosses consommatrices de pucerons et de cochenilles, notamment à l'état larvaire.
Si la plus populaire est la coccinelle à sept points (« bête à bon Dieu ») *Coccinella septempunctata* (Linnaeus) (Coccinellidae), de nombreuses autres espèces peuvent fréquenter le jardin (90 sont recensées en France). La plupart sont prédatrices, et donc utiles, mais quelques-unes sont phytophages et susceptibles d'occasionner quelques dégâts (par exemple, *Epilachna chrysomelina* [Fabricius] sur melons).

La coccinelle à sept points (5 à 8 mm de long) présente des élytres rouges dotés chacun de trois points noirs plus un point à cheval sur les deux (donc 7 points !), son thorax noir a deux points blancs. Larves et adultes dévorent activement divers arthropodes à corps mou : pucerons, cochenilles, et autres petites larves, mais les pucerons ont sa préférence (ils représentent approximativement 60 % de ce qu'elle ingurgite). Parfois en concurrence avec d'autres prédateurs, comme les fourmis, elle utilise une sécrétion amère (saignée réflexe) pour les repousser. Cette coccinelle fréquente de nombreux types d'habitats, du littoral à la moyenne montagne, et son domaine s'étend jusqu'au Japon vers l'est.

Nul doute que cette espèce soit un auxiliaire fiable des jardiniers, et il faut se réjouir d'en observer sur les rosiers. On l'a donc introduite dans d'autres régions du monde (notamment aux États-Unis).

Coccinelle, demoiselle, vole jusqu'aux cieux...

Parmi les nombreuses autres coccinelles qu'on peut observer dans le jardin, on peut citer la coccinelle à deux points *Adalia bipunctata* (Linnaeus), petite espèce dont chaque élytre est orné d'un seul point (noir sur fond rouge, ou rouge sur fond noir). Elle se nourrit également de pucerons et de cochenilles.

Citons aussi la coccinelle à vingt-deux points *Psyllobora vigintiduopunctata* (Linnaeus), dont les élytres jaunes présentent de nombreux points noirs. Cette espèce présente la particularité de se nourrir d'oïdium (rouilles), de champignons pathogènes, ce qui la rend utile !

Enfin, dernière arrivée dans les jardins, mais pas la plus rare, la coccinelle asiatique *Harmonia axyridis* (Pallas), espèce orientale introduite en Europe et aux États-Unis comme agent de contrôle biologique, s'est avérée plutôt dévastatrice (au moins pour la biodiversité) car elle dévore les coccinelles autochtones dont elle accapare la place.

64 Les pucerons du chou sont-ils les mêmes que ceux du rosier ?

Rares sont les plantes cultivées du jardin qui échappent aux attaques des pucerons. Pour qui n'a pas étudié particulièrement ces insectes (c'est-à-dire 99,9 % des jardiniers), les pucerons se distinguent à première vue par leur couleur : noir, jaune, blanc, grisâtre, brun, rose. Leur taille varie aussi quelque peu, même si la plupart ont environ 2 mm de long.

Du fait qu'environ 900 espèces de pucerons sont recensées en Europe (4 700 dans le monde, dont 250 de ravageurs) on comprend que la lutte contre ces indésirables nécessite d'abord une connaissance globale de ces insectes.

Les pucerons, ou aphidiens, sont des insectes hémiptères du sous-ordre des sternorrynches (Sternorrhyncha) et de la super-famille des Aphidoidea. Comme tous les hémiptères, ils sont dotés d'un rostre qui leur permet de sucer la sève des plantes (qu'ils peuvent affaiblir ainsi). Le cycle évolutif inclut souvent un enchaînement de formes ailées ou non, certaines espèces présentant deux longs appendices abdominaux, les cornicules. Leur anus expulse l'excès de sucre, le miellat. La reproduction peut être normale (sexuée) ou parthénogénétique (sans fécondation), et donne des générations vivipares ou ovipares.

Beaucoup d'espèces se développent sur le feuillage, mais certaines ne s'attaquent qu'aux racines. Si des pucerons sont spécifiques d'une plante, d'autres se développent sur diverses plantes apparentées. Et certaines,

Jusqu'à une vingtaine de générations de pucerons peuvent se succéder sur vos beaux rosiers !

comme le rosier par exemple, peuvent être attaquées par plusieurs espèces (sur le feuillage et sur les racines). En conséquence, la croissance des plantes est ralentie et des déformations du feuillage apparaissent. En Europe, les pucerons comportent des redoutables ravageurs, du fait qu'ils inoculent des virus aux plantes.
Parmi les espèces les plus polyphages, on peut noter le puceron noir de la fève *Aphis fabae* (Scopoli), qui s'attaque aussi bien aux haricots, aux betteraves qu'à la pomme de terre et la carotte, et le puceron vert du pêcher *Myzus persicae* (Sulzer), qui sévit notamment sur le colza, la pomme de terre, le chou, la laitue et le pêcher…
Le puceron vert du rosier *Macrosiphum rosae* (Linnaeus) (Aphididae), que l'on retrouve aussi sur la scabieuse, présente des formes ailées ou non ; cet insecte de 3 mm de long peut être vert ou mauve. On le rencontre sur les pousses foliaires et florales, ou une vingtaine de générations se succèdent dans l'année !
Le puceron cendré du chou *Brevicoryne brassicae* (Linnaeus) (Aphididae), ailé ou non, atteint 2 à 2,5 mm de long, l'adulte est vert (forme aptère) ou vert foncé et jaune (forme ailée). Il se développe tant sur les crucifères cultivées (chou, colza) que sauvages. Cette espèce n'a qu'une plante-hôte et reste sur crucifère pendant tout son cycle de développement.

65 Puceron farineux, puceron laineux ou puceron haineux ?

Le puceron farineux du pêcher *Hyalopterus pruni* (Geoffroy) (Aphididae), décrit initialement à Paris, a également reçu le nom de *arundinis* (Fabricius) pour la simple raison qu'il se développe sur le prunier et rarement sur le pêcher ! – l'hôte primaire –, et sur le roseau (*Phragmites*, *Arundo*) – hôte secondaire… Cette espèce est dite « farineuse » car leur corps ovalaire vert clair est revêtu d'une pruine blanche farineuse.
Les œufs qui ont hiverné en petit nombre sur troncs et branches de l'hôte primaire éclosent en avril et donnent deux à trois générations d'insectes aptères collés au verso des feuilles, lesquelles s'enroulent un peu et pâlissent. Fin mai, des individu ailés surgissent et vont vers l'hôte secondaire, où se développent les sujets de nouveaux aptères. Au cours de l'été, des sujets ailés se dispersent sur l'hôte secondaire, où des sujets à reproduction sexuée (sexupares) retournent vers l'hôte primaire pour s'y reproduire.

Même si j'exagère, ce revêtement laineux n'est qu'un amas de pucerons lanigères

Par leur présence, ces pucerons provoquent la chute prématurée des feuilles et l'atrophie des fruits.

Le puceron lanigère du pommier *Eriosoma lanigerum* (Hausmann) (Pemphigidae) atteint 2 mm de long. Les sujets ailés sont bruns, avec un léger revêtement cireux, tandis que les aptères noir violacé portent une cire blanche d'aspect laineux et filamenteux sur tout le corps (d'où le nom). Cette espèce d'origine américaine se développe normalement sur l'orme américain, son hôte primaire, mais en Europe sa reproduction exclusivement parthénogénétique le confine au pommier (rarement au cognassier, exceptionnellement au poirier). Après hivernage sur les écorces, larves et femelles s'attaquent aux pousses tendres et aux parties ligneuses (mais pas aux feuilles !), et cette espèce prolifique donne jusqu'à 12 générations par an... Chancres et boursouflures perturbent la circulation de la sève, ce qui peut favoriser des ravageurs secondaires (notamment des champignons), et les arbres dépérissent.

Dans les deux cas indiqués ci-dessus, l'absence d'auxiliaires du jardin et d'autres prédateurs naturels des pucerons (par manque de biodiversité due aux produits chimiques) favorise l'apparition de pullulations.

Il faut donc bien travailler le sol et choisir un bon emplacement d'implantation. Les insecticides naturels, comme la tanaisie, les divers purins (rue, ortie, sureau, tomate) et les infusions d'oignon ou d'ail sont efficaces. Le savon noir permet par ailleurs d'éliminer manuellement les petites colonies.

66 Cécidomyies et carpocapses, que va-t-il rester de nos fruits ?

Dans nos vergers, il arrive que des insectes minuscules s'ingénient à nous gâcher la récolte. C'est les cas, par exemple, de la cécidomyie des poirettes *Contarinia pyrivora* (Riley), ridicule petit moucheron de 2 à 3 mm de long maximum, et dont la larve vit à l'intérieur des poirettes (toutes jeunes poires). Le corps de ce microbe est noir, et les ailes proportionnellement bien développées sont un peu enfumées. Les longues pattes sont brunes, et la femelle dispose d'un ovipositeur qui atteint la longueur du corps une fois dévaginé. Après l'accouplement, la femelle pond 20 à 30 œufs entre les sépales et les pétales du poirier, plus précisément sur les anthères ou le pistil. Puis les larves orange clair s'enfoncent dans l'ovaire pour consommer le fruit en formation. La nymphose a lieu dans un cocon dans le sol. L'activité des larves produit une déformation et une croissance accélérée de l'ovaire. Les fruits attaqués commencent par se développer trop vite, noircissent, puis tombent enfin. Les dégâts peuvent être importants et ce microbe s'attaque aussi au pommier localement. Au moins pour les petits arbres, on peut cueillir les fruits infestés avant qu'ils ne tombent et les détruire.

Le carpocapse des prunes *Cydia funebrana* (Treitschke) (Tortricidae) est un petit papillon de 13 à 15 mm d'envergure, de couleur noirâtre et terne qui attire peu l'attention. Pourtant, sa petite chenille évoquant un asticot rose endommage les prunes qui tombent souvent prématurément. Elle consomme en effet la pulpe du fruit, qu'elle quitte à maturité pour se nymphoser dans un cocon sur le sol ou sous une écorce. Les fruits attaqués se foncent, cessent leur développement et exsudent des gouttelettes de gomme au niveau du trou de pénétration de la larve.

On vend des pièges à phéromones qui perturbent les mâles, réduisent les accouplements, et donc les pontes !

Le carpocapse des pommes *Cydia pomonella* (Linnaeus) (Tortricidae) est un assez joli petit papillon marbré de gris cendré orné de « miroirs » dorés à l'apex de chaque aile antérieure, mais dont la

Éclosion de carpocapse complètement dans les pommes...

chenille rose se développe à l'intérieur de divers fruits charnus, surtout la pomme, qu'elle endommage. Il y a deux à trois générations par an. La chenille se repaît de la pulpe du fruit en creusant une galerie jusqu'au cœur, ce fruit présente alors des traces de piqûres et devient peu appétissant.

Pour lutter contre ce gros ravageur, on dispose de pièges à phéromones, de même que de différents insectes parasitoïdes, mais traditionnellement on dispose des bandes-pièges en carton ondulé sur les troncs pour que les chenilles viennent s'y nymphoser : on retire ces bandes en fin de saison pour les brûler. Mésanges, chauves-souris et perce-oreilles ne demandent aussi qu'à les dévorer...

67 Chenilles, cochenilles, les plantes seront-elles en guenilles ?

Les cochenilles (hémiptères, Sternorrhyncha, Cocoidea) – on ne rencontre le plus souvent que des femelles – ne ressemblent en rien à des insectes. Elles se présentent en effet sous forme d'écailles cireuses plutôt plates, plaquées sur leur support (tige, feuille, fruit, écorce, etc.). Ce sont toutes des parasites des végétaux dont elles sucent la sève grâce à leurs pièces buccales du type suceur (ce qui permet de les rattacher aux hémiptères). Ces insectes de petite à très petite taille (1 mm) sécrètent toutes de la cire (de consistance et de couleur variables), et qui donne parfois une matière d'apparence cotonneuse (à base de filaments de cire). Le dimorphisme sexuel est très prononcé, le

Colonie de cochenilles évoquant des sortes d'écailles

mâle possède une paire d'ailes antérieures, dépourvu de pièces buccales, il ne s'alimente point et ne vit qu'un à deux jours, le temps de s'accoupler. La femelle évoque une larve dont la forme est écailleuse ou globuleuse. Elle est souvent aptère, avec ou sans pattes et aux autres appendices régressés. La reproduction est ovipare, parfois ovovivipare, voire vivipare, elle est souvent parthénogénétique (sous diverses formes).
Hors de leur milieu naturel, les cochenilles ont tendance à pulluler, du fait de la régression de leurs ennemis naturels.
Les cochenilles peuvent poser des problèmes aux plantes du jardin, 110 espèces étant considérées comme ravageuses en France... Pour les combattre, le badigeonnage de savon noir (avec 1 % d'alcool ou un peu d'huile de soja) est un bon procédé non polluant. Mais tous les prédateurs naturels comme les oiseaux et les coccinelles en dévorent une grande quantité.
Trois groupes de cochenilles se rencontrent : les coccidés (Coccidae) au corps durci par imprégnation de cire, les diaspididés (Diaspididae) au corps recouvert par un bouclier cireux évoquant une coquille d'huître, et deux autres familles aux caractéristiques diverses (corps mou) – les Margarodidae et les Pseudococcidae.
Les chenilles (lépidoptères) sont les larves des lépidoptères (ou papillons de jour et de nuit), lesquels sont des insectes à métamorphoses complètes (œufs, larves, nymphes (ou chrysalides) et adultes (imagos). Du fait que la plupart des espèces sont phytophages, leur présence dans le jardin est inévitable, et si leurs dégâts sont parfois importants, beaucoup restent totalement insignifiants.
On verra dans cet ouvrage des détails sur certaines espèces notoires...

68 Mais qui rogne mes beaux lis, mes patates et ma menthe ?

A priori, il ne semble pas y avoir beaucoup de liens entre les ravageurs de ces trois plantes du jardin. Toutefois, il y en a un important : tous les trois sont des insectes qui appartiennent à la vaste famille des chrysomèles (Chrysomelidae). Et de fait, les adultes ont dans tous les cas des couleurs vives.
La chrysomèle de la menthe *Oreina menthastri* (Suffrian), de 7 à 11 mm, est l'une des chrysomèles aux couleurs les plus brillantes, tout son corps en effet est d'un beau vert métallique (qui tourne parfois au cuivré ou au bleu). Elle recherche les

lieux humides où croît la menthe et autres labiées sur lesquelles elle se développe ; la menthe du jardin peut aussi l'attirer, les larves et les adultes grignotant les feuilles. S'il arrive localement que les dégâts soient importants, le plus souvent, on peut considérer cette jolie espèce comme un élément décoratif du jardin...

Le criocère du lis *Lilioceris lillii* (Scopoli) est un très bel insecte de 6 à 9 mm, dont le thorax et les élytres sont uniformément rouge cramoisi, tandis que la tête et les appendices sont noirs. Il se développe sur diverses liliacées, notamment les lis (sauvages ou cultivés) et les fritillaires. Les larves utilisent leurs propres excréments pour confectionner un fourreau dans lequel elles se déplacent, tandis qu'elles dévorent le feuillage. Les adultes mangent aussi les feuilles, les fleurs et les gousses, et les dégâts peuvent être importants. Dans la mesure du possible, il faut enlever les criocères à la main (si les dégâts sont restreints, cela vaut peut-être le coup de conserver cette très jolie espèce dans le jardin)....

Encore un doryphore, ça c'est fort !

Sur le muguet, l'oignon et diverses autres liliacées dont le lis, une espèce proche, *Lilioceris merdigera* (Linnaeus) est semblable, mais la tête et une partie des pattes sont rouges !

Le doryphore *Leptinotarsa decemlineata* (Say), de 10-12 mm, jaune orangé à rayures brunes, est très caractéristique et joliment orné. Cependant, c'est en tant que ravageur des pommes de terre qu'il est connu, même si en Europe occidentale, et notamment en France, ses dégâts sont désormais réduits. Originaire du Mexique, il a été introduit accidentellement au XIXe siècle.

Les larves et les adultes dévorent rapidement la plante qu'ils peuvent défeuiller et faire périr. Il arrive que la tomate ou l'aubergine – autres solanées – soient attaquées.

Cet insecte très mobile vole bien et peut effectuer de longs déplacements pour se répandre !

Toute une gamme de parasites et de prédateurs naturels existent dans sa région d'origine. Dans le jardin, il faut ramasser et détruire les larves, on peut aussi utiliser du purin d'ortie, et surtout ne pas oublier de détruire ce qui reste des plantes touchées après la récolte...

69 Quelle est cette glu qui colle aux véhicules garés sous les arbres ?

Qui n'a pas retrouvé sa voiture recouverte d'une matière poisseuse après l'avoir garée sous un arbre (érable par exemple) ? Il a fallu utiliser du liquide d'essuie-glace pour nettoyer les vitres, tant cette poisse était collante. Il s'agit en fait d'un liquide visqueux très sucré, excrété par divers petits insectes, surtout les pucerons, mais aussi les psylles, certaines cochenilles, et autres insectes piqueurs-suceurs comme la cicadelle pruineuse *Metcalfa pruinosa* (Say) (hémiptère Flatidae) récemment installée en France. Du fait que ces insectes « pompent » en permanence la sève de la plante-hôte, il leur faut se débarrasser de l'excès de sucre de leur nourriture.

L'abondance de miellat, outre qu'il peut gâter l'aspect des plantes touchées, peut aussi favoriser l'implantation de divers champignons (non parasites comme on le lit pourtant un peu partout) qui se développent dessus – la fumagine. Les feuilles ont alors un vilain aspect et la photosynthèse se trouve en partie entravée. Dans le jardin, les plantes susceptibles d'être touchées sont les rosiers, les arbres fruitiers,

Cicadelle pruineuse, pas toujours ruineuse !

les rhododendrons, les hortensias, les camélias et les lauriers-roses. La fumagine n'est que superficielle et ne pénètre pas dans les tissus de la plante et, le plus souvent, il suffit de gratter avec une brosse à dents les feuilles touchées pour les nettoyer. Mais l'élimination de la colonie de pucerons permet seule d'éradiquer le phénomène...

Divers insectes savent cependant en tirer parti. Les fourmis en premier lieu. Certaines espèces en raffolent et les « élèvent » parfois, leur offrant une réelle protection contre les prédateurs. Fait moins connu, les abeilles récoltent aussi le miellat, soit en complément du nectar, soit en remplacement. Elles recherchent activement le sucre, mais, contrairement aux guêpes, leurs mandibules ne leur permettent pas de percer les fruits. Le miel ainsi obtenu est plus sombre (parfois presque noir) aux saveurs mentholées et boisées, on l'exploite sous les vocables de miel (de forêt, de sapin, etc.) ou de miellat. Le miellat produit par la cicadelle pruineuse, miellat (ou miel) de metcalfa (genre *Metcalfa*), est également très foncé et balsamique.

Papillons et guêpes apprécient aussi ces saveurs sucrées qui fermentent à l'occasion et peuvent leur « tourner » la tête !

70 Quelle est cette écume qui évoque des crachats sur mes arbustes ?

Il arrive qu'au mois de mai les plantes basses et les arbustes du jardin (dans sa partie la plus humide et si on conserve un peu de végétation « naturelle ») se trouvent recouverts d'un genre de crachat écumeux dont l'origine paraît bien mystérieuse. Est-ce quelque mammifère indélicat qui crache partout ou même une bizarrerie due aux végétaux ? Il n'en est rien. L'origine de ce phénomène est à rechercher chez de petits insectes sauteurs phytophages et suceurs de sève, les cercopes et aphrophores (hémiptères, Aphrophoridae, Cercopidae).

Leurs larves sucent en effet la sève des plantes et expulsent par l'anus une écume très dense. Celle-ci constitue un genre de cocon protecteur qui a plusieurs fonctions. C'est d'abord une protection physique contre les prédateurs. Ensuite, cela évite à la larve de se dessécher en cas de chaleur. Enfin, cela fournit une isolation thermique.

Parmi les espèces concernées, les cercopes (Cercopidae) sont les plus spectaculaires. Leur corps noir possède des élytres noirs et rouges. Ils volent et sautent vigoureusement dans les plantes basses et sur les arbustes.

Joli cercope rouge et noir

La cicadelle écumeuse (ou cercope des prés) *Philaenus spumarius* (Linnaeus) (Aphrophoridae) est la plus commune de ces « cracheurs ». Ce petit insecte de 6 mm de long de couleur très variable se développe sur de nombreuses plantes.
Le cercope de l'aulne *Aphrophora alni* (Fallen) (Aphrophoridae), également de couleur variable, se développe sur les saules, les peupliers et les aulnes qu'il recouvre de ses crachats au printemps...
Dans le jardin, des espèces apparentées aux familles citées ci-dessus sont souvent bien présentes, et leurs adultes sautent pareillement, mais leurs larves ne produisent pas de « crachats ». Ces suceuses de sèves sont vectrices de maladies, *via* des virus et autres bactéries, mais la plupart abondent rarement au point de produire des nuisances dans le jardin.

71 Psylles et mouches blanches donnent-elles des idées noires ?

Les psylles sont des insectes sauteurs, comme en témoigne leur nom latin (*Psylla* est une variante du grec *psulla*, « puce »). Les adultes ressemblent à de petites cigales de 1,5 à 6 mm. Ces hémiptères (Sternorrhyncha, Psylloidea) sont dotés de pièces buccales (rostre) du type suceur-piqueur qui permettent aux larves de sucer la sève des plantes. Celles-ci sont très plates. Souvent grégaires, elles sécrètent cire et miellat, et leurs dégâts peuvent être considérables.

Les adultes du psylle du poirier *Cacopsylla pyri* (Linnaeus) (Psyllidae) – redoutable ravageur du poirier – hivernent dans les fissures des troncs et s'accouplent au premier printemps. La femelle pond 200 à 600 œufs, et il y a quatre à six générations par an ! Les larves pénètrent dans les boutons floraux puis occupent les diverses parties du feuillage jaune. C'est leur énorme prélèvement de sève qui affaiblit les poiriers et réduit donc les récoltes. Et le miellat produit par les larves favorise le développement de la fumagine qui tache les fruits et affaiblit davantage les arbres. Dans les jardins, cependant, si l'on évite

Feuille de chou « saupoudrée » d'aleurodes

les excès de fertilisation (feuillage trop dense), et les insecticides (y compris naturels), les punaises prédatrices naturelles de ces insectes (notamment les mirides) ont tôt fait de réguler les populations.

Dès leur apparition, les premières larves peuvent être supprimées au jet d'eau. Les colliers englués de type anti-fourmi font également bien l'affaire.

Autres insectes hémiptères suceurs de sève, les aleurodes, ou mouches blanches (Sternorrhyncha, Aleyrodoidea), sont de tout petits insectes de 1 à 3 mm de long, comportant près de 60 espèces en Europe. Les larves et les adultes dotés de deux paires d'ailes revêtues d'une poudre blanche (comme tout le reste du

corps) et d'un rostre, piquent les végétaux pour en ponctionner la sève, ce qui les fait flétrir, et les dégâts peuvent être importants. Mais c'est surtout indirectement que leur action peut être néfaste : implantation de la fumagine due à la sécrétion de miellat, et inoculation de virus. Les deux sexes sont ailés et se nourrissent, mais la parthénogenèse n'est pas rare.
Dans le jardin, ce sont surtout les plantes ornementales en pot ou celles cultivées en serres qui sont touchées : chèvrefeuilles, charmes, azalées, rhododendrons et viornes. Nombre d'espèces exotiques se sont récemment introduites dans les serres (notamment sur les tomates et les aubergines) et les jardins.
Ici encore, les prédateurs du jardin (coccinelles et chrysopes) ont un grand rôle à jouer, et l'hyménoptère parasitoïde *Encarsia formosa* Gahan (Hymenoptera Aphelinidae) s'est révélé particulièrement efficace pour réduite les populations d'aleurodes.

72 On m'a dit que des tigres rôdaient dans le jardin, est-ce vrai ?

Oui, mais ce ne sont ni des tigres mangeurs d'hommes ni des tigres de papier, mais d'authentiques insectes (Heteroptera, Tingidae) ravageurs du feuillage de diverses plantes ligneuses, platanes, pyracanthas, cotonéasters, rhododendrons, pommiers et poiriers – plusieurs espèces se partageant la tâche... Leurs noms vernaculaires évoquent les appendices réticulés spectaculaires (et donc « féroces ») du thorax et des ailes de ces insectes.
Le tigre du poirier *Staphanitis pyri* (Fabricius) – une espèce autochtone – est une remarquable punaise de 4 mm de long (maximum) au corps (notamment le thorax et les hémélytres) doté d'expansions foliacées réticulées évoquant de la dentelle. Le corps est très plat et la taille des ailes peut varier. Larves et adultes se tiennent à la face inférieure des feuilles. Sous l'action des piqûres répétées, les feuilles jaunissent, leur verso étant recouvert de leurs petites déjections noires. Outre que la ponction de sève affaiblit le poirier (ce tigre s'attaque aussi à d'autres feuillus comme l'aubépine et le pommier), avec dessèchement et nécrose du feuillage, l'apparition de la fumagine qui colmate les stomates des feuilles entraîne leur chute. Certaines mirides (punaises Miridae) s'attaquent volontiers à ces tigres !
Des espèces d'origine exotique se sont par ailleurs répandues dans les jardins et les avenues.

Tigre du platane, insecte du Nouveau Monde

Dans les parcs et les jardins, le tigre du platane *Corythucha ciliata* (Say), originaire du Nouveau Monde et apparu en France dès 1975, est une toute petite punaise de 0,7 à 2 mm de long, de couleur blanche et aux ailes remarquablement réticulées. Cet insecte se tient à la face inférieure des feuilles de platane, où les larves d'abord grégaires se dispersent ensuite. Les feuilles se décolorent sous forme de marbrures claires et les dégâts sont généralement minimes. Mais ce tigre est surtout le vecteur de deux maladies cryptogamiques du platane, le chancre coloré – dû à *Ceratocystis fimbriata* Ellis & Halsted (Ascomycota, Microascales) –, et l'anthracnose du platane – due à *Apiognomonia venata* (Sacc. et Speg. Hön.) (Ascomycota, Diaporthales).

On peut encore citer le tigre du rhododendron *Stephanitis rhododendroni* (Horvath) qui s'attaque aux feuilles du rhododendron, et qui a la propriété de ne pas voler, malgré la présence d'ailes bien développées.

Sous le signe du capricorne

73 Le jardinier peut-il être du signe du capricorne ?

Nul besoin d'être un spécialiste pour reconnaître les capricornes. Il s'agit d'insectes caparaçonnés (coléoptères) dont les antennes sont exagérément allongées et peuvent dépasser la longueur du corps (surtout chez le mâle). On les nomme aussi « longicornes », et ils appartiennent à la famille des Cerambycidae. Les larves de ces insectes se développent presque toutes dans le bois, mort ou vivant (selon les espèces), et leur développement larvaire est assez long (deux ou trois ans). Généralement dotés d'ailes postérieures puissantes, ils volent bruyamment de jour comme de nuit. Certains butinent volontiers les fleurs, d'autres se tiennent plutôt sur les bûches ou sous les écorces.

Aux abords des habitations, le capricorne des maisons *Hylotrupes bajulus* (Linnaeus) s'observe assez régulièrement sur les palissades ou dans le bûcher. La larve plate blanche de cette espèce vit dans l'aubier des résineux du bois d'œuvre (notamment l'épicéa, le sapin et le pin), et elle peut être redoutable pour les charpentes non traitées. Toutefois, sa présence n'est pas forcément inquiétante si l'on conserve des réserves de bois où il aime se nicher...

Autre capricorne familier des abords des habitations, *Pyrridium sanguineum* (Linnaeus) est un petit capricorne (8-12 mm) plat, au thorax et aux élytres d'un beau rouge écarlate, les antennes noires étant assez courtes. Sa larve se développe surtout sous l'écorce du bois mort, et on en observe souvent l'hiver dans les maisons en rentrant du bois pour la cheminée ! On peut aussi le trouver dans les dépendances du jardin.

Gardons la raison, ce n'est qu'un capricorne des maisons !

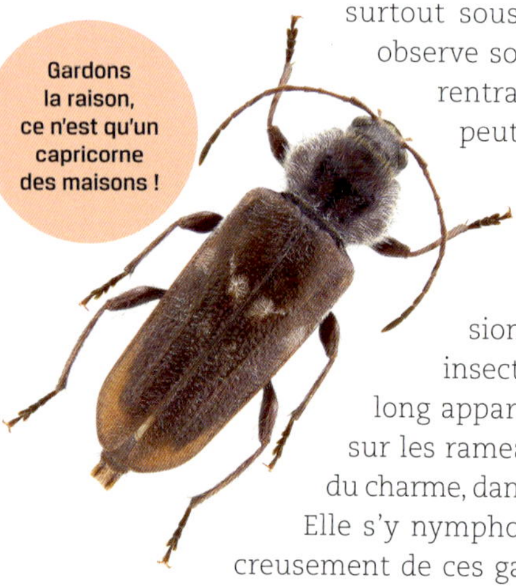

Le capricorne du noisetier *Oberea linearis* (Linnaeus) est l'un des rares capricornes qui peut occasionner des dégâts dans le jardin. Cet insecte noir très étroit de 11 à 16 mm de long apparaît au printemps. La femelle pond sur les rameaux du noisetier, voire du noyer ou du charme, dans lesquels la larve creuse une galerie. Elle s'y nymphose dans une loge en automne. Le creusement de ces galeries occasionne la formation de protubérances annulaires, ce qui entraîne le dessèchement puis la cassure du rameau en automne.

Enfin, si votre propriété (ou celle des voisins !) héberge de grands chênes, il est possible d'apercevoir par les chaudes nuits de juillet le vol du grand capricorne *Cerambyx cerdo* (Linnaeus), de 60 mm de long (!), lequel est une espèce protégée (ce qui ne l'empêche pas de trouer les troncs et branches des beaux arbres !), et qui s'est considérablement raréfiée dans l'ensemble de son domaine.

74 Le lucane cerf-volant a-t-il une « biche-volante » ?

Parmi les bêtes à cornes du jardin (capricornes, rhinocéros...), le lucane cerf-volant *Lucanus cervus* (Linnaeus) (Lucanidae) ne fait pas piètre figure. Vous pourrez l'observer si votre jardin héberge quelques vieux arbres.

Le lucane cerf-volant est un remarquable insecte, et c'est le plus gros coléoptère d'Europe. Le mâle en particulier, tout caparaçonné, exhibe des mandibules spectaculaires évoquant les bois d'un cervidé, d'où le nom vernaculaire de l'espèce. Ces

ornements permettent aux mâles de s'affronter lors de combats pour l'accès aux femelles. Ces dernières (les « grandes biches ») se contentent de mandibules ordinaires…
Les adultes se nourrissent de nectar et de sève suintant des arbres. Ils volent en soirée. L'accouplement a lieu en juillet sur les vieux arbres mal en point. Il n'est pas rare qu'ils soient la proie des oiseaux comme les pies et les geais.
La larve blanche, dodue, se développe dans le bois mort durant plusieurs années et peut atteindre près de 10 cm de long. La nymphose a lieu à terre dans une loge.
Cette espèce qui vit aux dépens du bois mort n'est pas nuisible. Elle est protégée localement.

Mâle de lucane en posture d'intimidation…

Plus modeste, mais bien plus fréquente, la petite biche *Dorcus parallelipipedus* (Linnaeus) ne dépasse pas les 30 mm de long. Ses mandibules ne sont pas exagérément développées, mais elle n'hésite pas à s'en servir pour mordre quand on la saisit ! Cet insecte crépusculaire peut s'observer sur les troncs et souches des arbres fruitiers où il se déplace lentement. La larve arquée, blanche, est fréquente dans les caries des feuillus et contribue à la décomposition du bois mort. Oiseaux et petits mammifères s'en nourrissent. C'est donc une espèce à préserver…

75 La scintillante jolie est-elle une espèce nuisible protégée ?

Si votre jardin est bordé de thuyas, voire de cyprès, et que ceux-ci brunissent puis dépérissent, il se peut que vous assistiez aux attaques du bupreste du genévrier, ou scintillante jolie *Ovalisia festiva* (Linnaeus) (coléoptère Buprestidae).
De mai à août, les adultes de ce ravissant insecte vert à points bleutés et à reflets métalliques, de 6 à 12 mm de long, volent au soleil avant de se poser à l'extrémité des rameaux. À l'origine, cette espèce était restreinte aux genévriers. En Île-de-France, par exemple, c'était jusqu'au début des années 1990 une rareté confinée aux peuplements des coteaux calcaires. Cependant, l'engouement actuel dans cette région pour les haies de thuyas et l'actuel réchauffement du climat ont fait « exploser » les populations du bupreste qui peut aussi se développer dessus !

Petits buprestes prestes sur une fleur...

La larve se développe dans les troncs et les branches des genévriers, des thuyas et des cyprès, et les trous de forage pleins de sciure de 2 à 4 mm de diamètre sont typiques.

Ainsi, on est arrivé à la situation quelque peu paradoxale : se trouver en face d'une espèce « invasive » ravageuse protégée par la loi !

Autre bupreste susceptible de se rencontrer dans le jardin, et où il peut malheureusement opérer quelques dégâts, le bupreste noir (ou capnode) du pêcher *Capnodis tenebrionis* (Linnaeus) est un insecte noir de 15 à 25 mm de long aux élytres terminés en pointe et à la carapace très dure. L'adulte apparaît en juillet. La larve fore ses galeries pleines de vermoulure dans les racines principales du pêcher, de l'abricotier et de l'amandier, ce qui provoque la mort des jeunes arbres et affaiblit les plus vieux. C'est surtout dans le Midi où l'espèce occasionne des dégâts, tandis qu'à la latitude de Paris c'est plutôt une curiosité...

Enfin, le bupreste du fraisier *Coraebus elatus* (Fabricius) est un petit insecte allongé de couleur bronze tirant un peu sur le bleu et de 6 mm de long. Il apparaît dans le jardin en mai-juin sur les plantes proches du fraisier, et la femelle pond dessus. Du fait que la larve fore des galeries dans les racines, les fraisiers se dessèchent et dépérissent, ou leur production est médiocre. Hors du jardin, cette espèce peut aussi se développer sur la potentille dressée (*Potentilla recta*) et l'aigremoine (*Agrimonia eupatoria*).

76 Que faire face à l'altise des crucifères ?

Colza et chou (Brassicaceae) sont au menu de l'altise des crucifères (ou du chou) *Phyllotreta nemorum* (Linnaeus) (Chrysomelidae). Ce petit coléoptère ne dépasse pas 3 à 3,5 mm de long, mais ses élytres noirs à larges bandes jaunes sont caractéristiques. Doté de grosses cuisses postérieures, il est capable de sauter comme une puce lorsqu'on le dérange !

Les adultes se trouvent sur les feuilles des crucifères qu'ils perforent par beau temps (ils restent cachés dans le feuillage ou dans le sol par temps froid). Ils hivernent sous les feuilles ou dans des anfractuosités du sol pour réapparaître en avril, se reproduire et pondre. Les larves se développent dans une mine entre les deux épidermes des feuilles puis se nymphosent dans les sols. En s'attaquant aux semis, les adultes occasionnent des dégâts.

L'altise du colza *Psylliodes chrysocephalus* (Linnaeus), de 4 à 4,5 mm de long, d'un beau bleu et à pattes noires, plus rare dans le jardin, attaque le semis de colza et ses dégâts peuvent être considérables.

Comme le doryphore, l'altise de la pomme de terre *Psylliodes affinis* (Paykull) est une chrysomèle (Chrysomelidae) qui s'attaque à cette plante cultivée. Mais, comme c'est une espèce autochtone, elle se développe aussi sur divers solanées (Solanaceae) sauvages, comme la morelle noire, la belladone et la jusquiame. Les adultes de 2 à 3 mm de long et aux élytres jaune paille, rognent le feuillage qu'ils perforent de petits trous de 1 à 2 mm de diamètre sur les deux faces. La larve se développe dans les racines puis se nymphose dans le sol. Les dégâts sont plutôt restreints.

Par ailleurs, certaines espèces d'altises s'attaquent aux radis, navets, rutabagas, voire aux giroflées et aux capucines. L'arrosage de bonne heure par aspersion est efficace (les altises recherchent les feuilles bien sèches !), surtout si on enchaîne en protégeant les cultures avec un voile de type « forçage ».

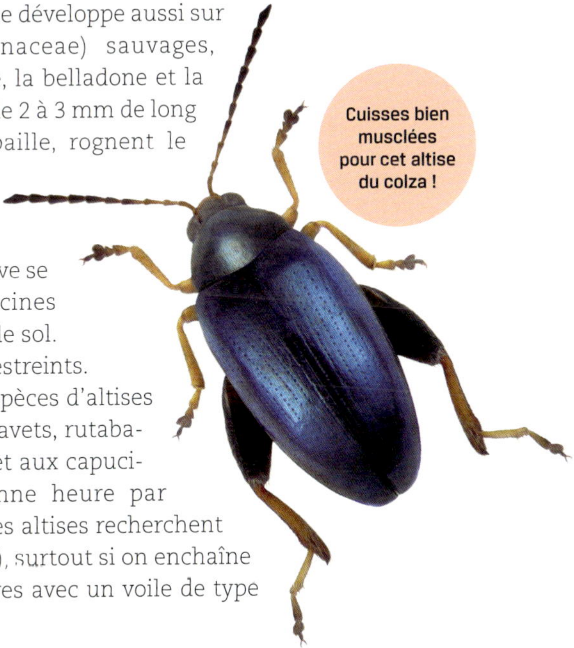

Cuisses bien musclées pour cet altise du colza !

77 Otiorhynques et anthonomes, des charançons en somme ?

La très vaste famille des charançons (Curculionidae) constitue, avec quelque 40 000 espèces recensées dans le monde (et 1 500 en France), l'une des familles de coléoptères les plus importantes. Seuls les staphylins (Staphylinidae) les surpassent, avec environ 58 000 espèces recensées. Il n'est donc pas étonnant qu'on en rencontre dans le jardin...

Certains, comme les phyllobes (*Phyllobius*), peuvent s'attaquer au feuillage des arbres fruitiers et forestiers qu'ils peuvent dépouiller au printemps, mais d'autres, comme le phyllobe de l'ortie *Phyllobius urticae* (DeGeer), revêtu d'écailles vert doré à bleu-vert, se cantonnent aux orties qu'ils affaiblissent, ce qui peut intéresser le jardinier.

Les anthonomes, comme l'anthonome du pommier *Anthonomus pomorum* (Linnaeus), font des dégâts plus gênants. Ce petit charançon brun noirâtre à pubescence grise, de 5 mm de long, s'attaque en effet au pommier (et arbres proches) où on le rencontre en mai-juin. L'adulte grignote le feuillage et s'abrite pour hiverner jusqu'au printemps, période où il commence à piquer les bourgeons. Après l'accouplement, la femelle pond dans les bourgeons floraux en formation, où les larves dévorent ensuite ovaires et étamines (ne laissant alors qu'un « clou de girofle »). Les dégâts sont proportionnellement moindres les années à floraison abondante. L'espèce se maintient mieux à proximité de vergers à l'abandon.

Balanin en balade...

Parmi les gros charançons du jardin, le charançon de la vigne – ou plus simplement l'otiorhynque *Otiorhynchus sulcatus* (Fabricius) – s'attaque à de nombreuses plantes du jardin. Cet insecte noir de 8 à 10 mm de long au rostre épais et aux longues antennes coudées est polyphage, puisqu'il mange tout autant le feuillage de la vigne que celui du fraisier, de la pivoine, et de plantes de serres comme le cyclamen et le bégonia. Ses dégâts sont particulièrement notables sur les plantes en pot. L'adulte apparaît au printemps et peut vivre jusqu'à 17 mois ! Nocturne, il se cache durant la journée dans les lieux sombres. Les larves apodes s'attaquent aux racines qu'elles entaillent, tandis que les adultes rognent le bord des feuilles. Chez cette espèce, les mâles étant rares, la reproduction est souvent parthénogénétique.
L'otiorhynque du chèvrefeuille *Otiorhynchus clavipes* (Bonsdorff) est encore plus grand et ses antennes sont plus longues. Dans le jardin, c'est sur les chèvrefeuilles ornementaux qu'il est susceptible de se trouver. Les adultes pratiquent des entailles marginales semi-circulaires caractéristiques dans les feuilles. Les dégâts restreints sont surtout esthétiques.

78 Peut-on saisir une sésie ? (question d'huissier)

Il est probable que toutes les « guêpes » et tous les « frelons » que nous apercevons dans le jardin ne sont pas en fait de vrais hyménoptères… Parfois, il s'agit de grosses mouches agiles (et même bourdonnantes) dont la livrée « vespoïde » imite ces insectes vulnérants (qui piquent !), ce qui leur permet d'avoir la paix sur les ombelles tandis qu'elles butinent aux côtés des vrais prédateurs. Ce sont, par exemple, les syrphes (Syrphidae) des genres *Syrphus* et *Volucella*, ou des conopides du genre *Conops* (Conopidae).
Mais, fait plus surprenant, certains lépidoptères à vol diurne imitent parfaitement les guêpes, tant par l'ornementation que par le comportement (vol vif et saccadé). C'est le cas, par exemple, de la sésie apiforme *Sesia apiformis* (Clerck) (Sesiidae), ou sésie-frelon (qu'elle imite plus précisément). Cette grande espèce de 35 mm d'envergure (maximum), a une tête jaune et un abdomen entrecoupé de bandes transversales noires et jaunes, les ailes étant largement dépourvues d'écailles et transparentes. De plus, les antennes en massue ressemblent à celles du frelon. Ce papillon vole en plein soleil près des

Accouplement acrobatique de sésies

peupliers où sa chenille s'est formée. Celle-ci se développe à la base des vieux peupliers, juste sous l'écorce, et la présence du papillon est souvent révélée par les trous cylindriques de sortie (souvent avec l'exuvie de la chrysalide), et au pied desquels se remarquent des petits tas de sciure (excréments). La sésie-bembex *Sesia bembeciformis* (Hübner), semblable mais plus petite et à tête noire, a une biologie comparable, mais vit sur le tremble.

La sésie du groseillier *Synanthedon tipuliformis* (Clerck) est la seule sésie susceptible d'occasionner quelques dégâts dans le jardin. Cette espèce qui se développe sur le groseillier et le cassissier peut se rencontrer en train de voler aux abords de ces plantes, ou même sur leur feuillage. Le corps noir présente quatre petites ceintures jaunes, et l'apex de l'aile antérieure est un peu orangé. La chenille blanche à tête brune se développe à l'intérieur des tiges, ce qui les affaiblit et elles risquent de se casser. Pour les combattre, en hiver, il vaut mieux rabattre les tiges touchées jusqu'au bois sain et brûler les déchets de taille.

79 Les galéruques, est-ce la galère ?

Au secours, mes boules de neige (viorne obier) (*Viburnum opulus*) voient leurs feuilles transformées en dentelle ! Quelle en est la cause ?

Pour le savoir, il suffit de retourner les feuilles (ou ce qu'il en reste) : des petites larves jaune crème à taches noires se nourrissent du limbe en le perforant. Il s'agit de la galéruque de la viorne *Pyrralta viburni* (Paykull) (Chrysomelidae), un petit coléoptère dont l'adulte brun-gris jaunâtre n'atteint guère plus de 5 à 6 mm de long.

Les larves apparaissent en mai et grignotent le verso du feuillage. Au bout d'un mois elles sont matures et tombent au sol pour se nymphoser assez profondément. Durant le mois de juillet, les adultes éclosent et s'accouplent, puis la femelle pond (plusieurs centaines d'œufs) dans des trous forés à l'apex des pousses annuelles. Les attaques répétées peuvent affaiblir la plante. Le plus simple est d'enlever manuellement larves et adultes.
Tout comme la viorne, l'orme (*Ulmus campestris*) peut subir l'attaque de galéruques. Il s'agit en l'occurrence d'une espèce distincte, la galéruque de l'orme *Xanthogaleruca luteola* (Muller). Les adultes gris olivacé, rayés de noir, apparaissent en mai, très mobiles (ils volent volontiers), ils se nourrissent de jeunes feuilles en découpant des trous ovales caractéristiques et, après accouplement, les femelles pondent au revers des feuilles.
Les petites larves de 12 mm de long, noirâtres, initialement grégaires, décapent les feuilles avant d'en dévorer les tissus entre les nervures. Les feuilles touchées (« squelettisées »), transformées en dentelle, meurent et chutent prématurément. La nymphose a lieu dans le sol à la base du tronc de la plante-hôte. Il y a deux générations par an. Les adultes de la seconde génération se nourrissent de feuillage puis hivernent dans les habitations. Les ormes affaiblis sont davantage vulnérables aux attaques de scolytes.
Autre galéruque susceptible de se développer dans le jardin (si vous disposez d'une mare), la galéruque du nénuphar *Galerucella nymphaeae* (Linnaeus) s'attaque à cette plante. Les

Une galéruque de l'orme, qui paraît bien en forme !

adultes brun jaunâtre de 7 mm de long taraudent les feuilles dès mai. Après leur éclosion, les larves noires et jaunes de 8 mm de long prennent le relais en été, feuilles et fleurs sont endommagées et pourrissent. Le mieux est d'ôter les larves manuellement.

80 Connaissez-vous l'air des bruches : « Ah ! Les p'tits pois, les p'tits pois... » ?

Chaque année, pois, fèves, lentilles et haricots entreposés sont gâtés par les bruches, des petits insectes de l'ordre des coléoptères de la famille des Chrysomelidae (sous-famille des Bruchinae).

La bruche du pois *Bruchus pisorum* (Linnaeus), petit coléoptère brun et roussâtre de 4 mm de long, ne se développe que sur le pois. Après hivernage dans des grains entreposés, l'adulte recherche des champs de pois (il vole très bien). Il se pose sur les fleurs de pois qu'il rogne, puis s'accouple. La femelle pond quelque 400 œufs sur les gousses. Les larves pénètrent à l'intérieur de celles-ci et s'y développent. Avant de se nymphoser, elles percent un petit trou de sortie pour le passage ultérieur de l'adulte (un par graine). Les adultes sont déjà dans la graine en août mais hivernent dedans avant leur sortie en mai suivant.

La bruche : insecte insignifiant, mais dégâts importants !

La bruche de la fève *Bruchus rufimanus* (Boheman), petit coléoptère noir et jaunâtre de 3,5 à 5 mm de long, s'attaque autant aux fèves qu'aux pois et aux haricots. Après hivernation dans une graine, l'adulte s'envole vers des cultures qui lui conviennent où il va d'abord grignoter les fleurs. Après l'accouplement, la femelle pond sur les gousses. Les larves, comme celles de la bruche du pois, pénètrent sur les gousses pour s'y développer, elles percent un petit trou de sortie pour le passage ultérieur de l'adulte avant de se nymphoser. Les dégâts sont importants.

La bruche du haricot *Acanthoscelidae obtectus* (Say), petit coléoptère brun roussâtre de 3 à 4 mm de long vit essentiellement sur le haricot, mais attaque parfois lentille ou soja. Il s'agit d'une espèce d'origine américaine apparue en France dans les années 1920 et qui s'y est depuis répandue. Après hivernage dans les graines, les adultes se répandent dans les cultures au printemps et volent par temps sec et ensoleillé. Ils ne s'alimentent pas, mais après accouplement, la femelle pond sur les gousses où à l'intérieur de celles-ci. Les larves blanches se développent dans les grains et s'y nymphosent. Cette bruche apte à se reproduire dans les locaux de stockage peut y être redoutable...

La bruche de la lentille *Bruchus signaticornis* (Boheman), plus petite (2,8 à 3,5 mm de long), a sinon une biologie semblable aux espèces mentionnées ci-dessus. Elle se développe exclusivement sur cette plante, les lentilles touchées étant inconsommables.

Traditionnellement, on utilise des insecticides au moment de la floraison et on traite les locaux de stockage, mais le jardinier doit pouvoir se passer de tels traitements la plupart du temps...

81 Jolies piérides, sans une ride ?

Il n'est pas si rare que les choux du jardin (y compris ornementaux) se trouvent brusquement réduits à un squelette de nervures après le passage de chenilles voraces. Celles-ci rognent d'abord l'épiderme puis entament toute l'épaisseur de la feuille, le tissu végétal disparaissant à la fin ! Nul doute qu'il s'agisse de la piéride du chou *Pieris brassicae* (Linnaeus) (Pieridae), un grand et joli papillon diurne. Cette espèce atteint jusqu'à 60 mm d'envergure chez les grands spécimens. Au recto, le mâle est presque tout blanc, seul l'apex de l'aile antérieure est marqué de noir et le bord costal de l'aile postérieure a une petite tache noire ; le verso présente deux gros points noirs à l'aile antérieure, et l'aile postérieure est gris-jaune. La femelle est semblable, mais avec deux gros points noirs au recto, les ailes postérieures étant suffusées de jaune clair. Ce papillon vole au soleil de mai à octobre, en deux ou trois générations. C'est un migrateur avéré qu'on rencontre partout en Europe et jusque dans l'Himalaya. Il a été introduit accidentellement au Chili et en Nouvelle-Zélande.

Les chenilles de ce papillon se développent en fait sur de nombreuses crucifères (Brassicaceae), dont le chou, le navet et le colza, mais aussi sur la capucine (Tropaeolaceae).

Points-barres, telle est l'ornementation de la femelle de piéride du chou !

Les chenilles adultes vert grisâtre peuvent atteindre jusqu'à 5 cm de long. À maturité, elles se nymphosent et les chrysalides hivernent sur les murs externes, les palissades, souvent loin des cultures. Pour éviter les dégâts, il faut observer de près les choux et enlever à la main les éventuels paquets d'œufs (jaune orangé) et les jeunes chenilles.

Une bonne façon d'éviter de traiter aux insecticides est d'associer la culture des choux à des plantes répulsives (aromatiques) comme la menthe, le romarin, le thym, la sauge, la tanaisie, ou la bourrache. Il est bon aussi d'associer le chou à la tomate et au céleri. Les filets anti-insectes repoussent aussi les papillons à leur apparition. Parmi les traitements naturels, on peut utiliser des infusions de tanaisie ou d'absinthe. Enfin, le maintien de prédateurs naturels dans le jardin, notamment de guêpes, restreint l'expansion de cette espèce par ailleurs bien jolie.

La piéride de la rave *Pieris rapae* (Linnaeus), plus petite, moins blanche et aux dessins d'un noir moins vif, se développe aussi sur diverses crucifères, dont le chou. Mais ses dégâts restent infimes. C'est par ailleurs un agrément naturel pour le jardin.

82 Papillons à queues, papillons à qui ?

Dans le jardin, en arrivant ce matin, sur mes lilas en fleurs où butinaient des abeilles, un « objet volant non identifié » a surgi hors de mon champ de vision. En m'approchant de plus près, le butineur s'est envolé mais, après des acrobaties vigoureuses incluant de beaux vols planés, il s'est reposé sur un lilas voisin, dans le jardin de la voisine…

Maintenant que je l'ai bien à l'œil (même si Madame Michu me guette derrière ses rideaux), je le reconnais bien – c'est un flambé aux longs appendices caudaux d'hirondelle *Iphiclides podalirius* (Poda) (Papilionidae). Ce grand volateur, plutôt méridional, remonte désormais vers le nord du pays, profitant du réchauffement (relatif ici) de la planète. Il apparaît au début du printemps puis fin juillet. Sa grosse chenille se développe sur les prunelliers. C'est donc un simple visiteur dans le jardin. Il ne reviendra que si on lui laisse de quoi butiner…

S'agissant du machaon (*Papilio machaon*), c'est tout autre chose… Je savais déjà qu'on pouvait l'observer dans la région, puisque près du talus de la voie ferrée j'en avais aperçu à plusieurs reprises au soleil près des peuplements de fenouils sauvages. Mais cette fois, c'est sa chenille qui est bien présente dans le jardin. On la reconnaît en raison de sa taille (quelques centimètres) et de son ornementation très belle et contrastée à base de dessins noirs, jaunes et orangés. Elle s'attaque aux carottes, mais de nombreuses ombellifères (Apiaceae) lui conviennent aussi (fenouil, peucédan des marais, aneth, *Aegopodium podagraria* (herbe aux goutteux, etc.), ainsi que des Rutaceae.

Ce splendide papillon a un vol robuste et peut effectuer des migrations locales. Il ne faut donc pas le décourager de s'installer momentanément dans le jardin. Si on l'apprécie, il faut lui offrir des fleurs du cru (il y a peu de chances pour qu'il butine les exotiques).

Sur le littoral atlantique, les jardins peuvent même accueillir des visiteurs extraordinaires, migrateurs de pays lointains, comme le monarque *Danaus plexippus* (Linnaeus) (Nymphalidae) d'Amérique du Nord et centrale (établi aux Canaries) et, sur les côtes de la Méditerranée, son cousin le petit monarque *Danaus chrysippus* (Linnaeus) d'Afrique fait parfois son apparition…

Tant par leur faible résistance au froid que par leurs plantes-hôtes inhabituelles, ces espèces ont toutefois peu de chances de se maintenir dans nos jardins !

Face cachée du beau machaon…

83 *Vanessa* est-elle au paradis ?

Pour qui aime vraiment observer et préserver des papillons de jour dans son jardin, les jolies vanesses (Nymphalidae), notamment celles du genre *Vanessa*, sont de vraies vedettes… Si la belle dame *Vanessa cardui* (Linnaeus) n'est qu'un migrateur plus ou moins occasionnel dans notre pays, la génération estivale s'élève facilement sur les chardons et les cirses.

Autre migrateur, mais qui tend à s'établir dans nos régions où il parvient en partie à hiverner, le vulcain *Vanessa atalanta* (Linnaeus) est un fan des pariétaires et des orties, plantes très communes et qui ne demandent qu'à pousser dans le jardin, si on leur concède un petit carré à cet effet. Ce papillon adore pomper la sève qui suinte des arbres et le jus fermenté des fruits trop mûrs (notamment les prunes et les poires). On le voit parfois aux côtés des guêpes, et son comportement suggère que l'alcool contenu dans ces fruits tend à le saouler !

La petite tortue *Aglais urticae* (Linnaeus) et le paon du jour *Aglais io* (Linnaeus) sont en revanche des vanesses autochtones dans nos régions. Ce sont de remarquables espèces qui hivernent près (ou dans) les habitations.

Belle dame, jolie vanesse, tu déploies antennes et trompe pour nous séduire...

Le paon du jour hiverne dans les arbres creux, les tas de bûches, les creux des rochers, et les bâtiments non chauffés ; le revers de ses ailes noirâtres lui permet de passer inaperçu durant les mois d'inactivité. Sa chenille largement grégaire vit sur l'ortie et la pariétaire.

Au premier printemps, le papillon sort de sa retraite et butine les rares fleurs disponibles, notamment celles des chatons de saules.

La petite tortue hiverne également dans les granges. Il butine dès fin mars les chatons de saules et autres pissenlits. Son vol est très vif. La chenille se développe sur l'ortie, et les adultes éclos en juillet se rencontrent sur les fleurs de troène.

Dans les vergers, surtout en régions humides, le robert-le-diable *Polygonia c-album* (Linnaeus), petit papillon brun et fauve, sautillant, et aux ailes naturellement « déchiquetées », n'est pas rare. Le verso de l'aile postérieure exhibe un « C » blanc sur fond brun caractéristique. Ce papillon défend avec courage sont territoire et n'hésite pas à poursuivre oiseaux et libellules qui se hasardent dedans ! Sa chenille se développe sur diverses plantes des lieux humides, dont le groseillier sauvage, l'ortie, le saule et le houblon. Il hiverne dans les broussailles, parfois aussi dans les habitations.

84 Y a-t-il des azurés sociaux ?

Les azurés (Lycaenidae) sont des petits papillons à vol diurne de couleur bleue (au moins pour les mâles) qui agrémentent les prairies fleuries. Fait remarquable, un nombre important d'espèces est plus ou moins lié à des insectes sociaux – les fourmis. Leurs liens sont variablement étroits, mais certaines espèces parfaitement myrmécophiles vivent à l'état de chenilles dans les fourmilières où les ouvrières les nourrissent et les soignent en échange de leurs sécrétions.

Dans les jardins, un nombre restreint d'espèces peut se rencontrer. Le plus fréquent est sans conteste l'azuré des nerpruns *Celastrina argiolus* (Linnaeus), une espèce polyphage dont la chenille peut se nourrir du feuillage d'un nombre très important de ligneux, dont le lierre, la ronce, le genêt, le houblon, le troène, le nerprun et le houx. Le mâle est pratiquement tout bleu au recto, tandis que la femelle présente une épaisse marge noire à l'aile antérieure. Cette belle espèce apparaît dès avril mais peu passer inaperçue, sauf les années où elle est plus fréquente, on la revoit en juillet et encore en début d'automne. Sa biologie lui permet de survivre en milieu urbanisé (comme en plein Paris dans les jardins publics), et il faut se réjouir de sa jolie présence.

L'azuré commun *Polyommatus icarus* (Rottemburg) est également une espèce commune, mais on ne le rencontre que dans les jardins assez anciens ayant conservé un peu de prairies sauvages, où sa chenille soignée par les fourmis *Lasius*, *Formica* et (*Myrmica*) se nourrit de diverses Fabaceae, notamment le lotier, le trèfle et l'astragale. Au recto, le mâle est entièrement d'un beau bleu ciel satiné, tandis que la femelle est brune avec des taches fauves vers la marge des ailes. Dans le même type de jardin, en terrain plus humide, on peut aussi espérer observer le demi-argus *Cyaniris semiargus* (Rottemburg), dont le mâle est d'un bleu plus foncé un peu violacé, et dont la femelle est entièrement brun-noir.

Mâle d'azuré des nerpruns !

Dans les vergers, ou même sur des arbres fruitiers isolés du jardin, on peut voir le très discret thécla du bouleau *Thecla betulae* (Linnaeus), dont l'aile postérieure présente une « queue » (appendice caudal). Le mâle est plus petit et presque tout brun au recto, tandis que la grande femelle est ornée d'orangé (les deux sexes étant zébrés de blanc au verso des quatre ailes).

Malgré son nom, cette espèce pourtant volontiers sylvatique ne se développerait que sur prunellier.

85 Un petit blanc, un citron, et quoi d'autre pour le cocktail printanier ?

Dans le jardin au printemps, pour peu qu'on y ait préservé un peu de nature, surtout si les voisins ont fait de même, les premiers papillons sont des petits blancs, des jaune citron (si une zone boisée est proche), des blancs et orange (si les talus des environs ne sont pas trop arasés), et des tout orangés (essentiellement des migrateurs).

Citron de Provence, tu voles bien en avance...

Les petits blancs sont les piérides (*Pieris*, Pieridae), les jaune citron sont les citrons (*Gonepteryx*), et les derniers sont des aurores (*Anthocharis*).
Depuis quelques années, on s'est aperçu que la piéride de l'ibéride *Pieris mannii* (Mayer), originaire du Midi, parvenait à se développer sur les ibérides cultivées (notamment *Iberis sempervirens*) dans les jardins bien au nord de son domaine initial (par exemple, dans des jardins du Haut-Rhin et en Lorraine, mais aussi en Suisse). Il est donc bon de savoir reconnaître cette espèce, et cela fait donc, en tout, quatre espèces du genre *Pieris* susceptibles de venir butiner les fleurs du jardin au printemps :
– *Pieris brassicae* (Linnaeus), la plus grande ;
– *Pieris rapae* (Linnaeus) ;
– *Pieris napi* (Linnaeus), semblable à la précédente, mais au verso des ailes postérieures, les nervures sont nettement soulignées d'écailles gris noirâtre ;
– *Pieris mannii* Mayer, semblable à *P. rapae*, mais à l'aile antérieure (sur les deux faces) le point noir est davantage rapproché du bord externe et sa forme est moins ronde, la strie costale de l'aile postérieure étant davantage triangulaire.
Le citron *Gonepteryx rhamni* (Linnaeus), essentiellement sylvatique, traverse souvent les jardins aux abords des bois. Cette espèce hivernante évoque au repos une feuille morte, le mâle est d'un beau jaune, mais la femelle paraît presque blanche en vol. Les deux sexes butinent les premières fleurs au printemps.
Si vous êtes dans le Midi, vous pouvez aussi voir son cousin, le citron de Provence *Gonepteryx cleopatra* (Linnaeus) dont le mâle est gratifié d'une belle tache orange à l'aile antérieure.
Les aurores enfin : *Anthocharis cardamines* (Linnaeus) dans le nord, et *Anthocharis belia* (Linnaeus) dans le sud, sont les messagères du printemps. Le mâle se distingue par sa tache d'un bel orangé (sur fond blanc chez *cardamines*, et sur fond jaune soufre chez *belia*). L'aurore printanière se développe notamment sur le cresson des prés (*Cardamines pratensis*) et l'alliaire (*Alliaria petiolata*), tandis que l'aurore de Provence vit sur les biscutelles.

Voir aussi la question 81

86 Petits bruns, mégères, mais quelle est donc cette famille ?

La famille des Nymphalidae, dans sa sous-famille des Satyrinae, regroupe des papillons diurnes aux couleurs généralement assez ternes à dominance brune, ce qui les distingue des autres « rhopalocères » (papillons à vol diurne et à antennes en massue).

Le tircis *Pararge aegeria* (Linnaeus) n'est pas rare dans les jardins où le pâturin (*Poa*) conserve droit de cité (il s'agit d'une des graminées les plus communes dont se nourrit sa chenille). Dès fin mars, les premiers pionniers apparaissent. Le papillon est très actif au soleil, se posant surtout sur le sol. Il ne vient pas butiner les fleurs, mais les mâles très belliqueux défendent assidûment leur domaine et repoussent les intrus. Il vole souvent jusqu'aux premiers gels (en deux ou trois générations).

La mère (c'est son nom !) *Lasiommata maera* (Linnaeus) fréquente volontiers les jardins où elle se pose sur les murs chauffés au soleil. Les premiers sujets apparaissent généralement en mai, et les derniers s'attardent jusqu'au début de l'automne. Bien que non rare, cette espèce passe facilement inaperçue, du fait de la vivacité de son vol, et parce qu'au repos les ailes repliées se confondent aisément avec leur support rocheux ; la femelle présente de plus gros ocelles sur fond plutôt orangé, on l'a nommée la « mère », tandis que le mâle plus terne et aux ocelles plus réduits est le « némusien ».

La mégère *Lasiommata megera* (Linnaeus) est plus rare dans les jardins, ou du moins plus localisée, car elle affectionne en effet des sols rocheux souvent sablonneux.

Un *Pararge* : il y en a dans les parages...

Si votre jardin possède des haies, il est probable qu'en juillet et août y vole l'amarillys *Pyronia tithonus* (Linnaeus), un autre « brun » que les Anglais ont nommé à juste titre *gatekeeper* (garde-barrière), du fait de sa présence près des palissades. Le mâle possède une bande sombre transversale sur fond fauve à l'aile antérieure : il s'agit d'écailles androconiales (censées répandre une substance chimique qui attire la femelle). La chenille se développe sur une grande variété de graminées.
Le myrtil *Maniola jurtina* (Linnaeus) vole de mai à septembre dans un grand nombre d'habitats, notamment dans les prairies et les vergers herbus : il n'est pas rare dans les grands jardins à l'anglaise. Sa chenille se contente des graminées les plus communes. Le mâle est presque tout brun et apparaît bien avant la femelle. Cette dernière est largement marquée de fauve et possède un gros ocelle pupillé de blanc.

87 À part à Gizeh, où peut-on trouver un sphinx ?

Les sphinx (Sphingidae) sont de remarquables papillons de grande taille, à la très longue trompe enroulée au repos (spiritrompe) – qui arrivent parfois dans notre jardin après des centaines, peut-être même des milliers de kilomètres de vol – migrateurs au long cours venus le plus souvent d'Afrique. Cependant, quelques espèces autochtones sédentaires, mais pas moins spectaculaires s'y développent également.
C'est, par exemple, le cas du sphinx du tilleul *Mimas tiliae* (Linnaeus) vert olive à brun rouille, dont la chenille cornue se développe surtout sur cet arbre. En avril, on observe parfois des adultes fraîchement éclos à la base des troncs, sur les repousses. Comme c'est une espèce sédentaire, ses ailes sont peu profilées pour le vol, elles évoquent en revanche du feuillage (dont elles ont la couleur) quand le papillon au repos les écarte de son corps.
Le sphinx du peuplier *Laothoe populi* (Linnaeus) se rencontre également près des habitations (le plus souvent il est attiré la nuit par les lumières). Sa couleur fondamentale varie du gris cendré au brun rosé, et ses ailes posées au repos ressemblent à un paquet de feuilles mortes. La chenille, également cornue comme toutes celles des sphinx, se développe sur les peupliers et les saules.
Le « célèbre » sphinx à tête-de-mort *Acherontia atropos* (Linnaeus), si souvent illustré sur la couverture d'ouvrages d'enquêtes

Chenille cornue de sphinx, vue par mon œil de lynx !

policières ou sur les affiches de films, doit son renom à la supposée tête de mort qui orne son thorax (ce n'est qu'une approximation sommaire...). Il est rare qu'on observe l'adulte dans le jardin, mais sa chenille énorme ou même sa chrysalide géante intriguent souvent le jardinier. En effet, ce grand migrateur venu des pays du Sud s'installe dans notre pays le temps d'un été, les femelles pondent et les chenilles se développent. Leur plante-hôte principale est la pomme de terre (parfois aussi la belladone), et c'est en inspectant les plants qu'on peut découvrir les chenilles (brunes, vertes ou jaunes) munies d'une corne assez courte. Les chrysalides sont souvent exhumées de la terre en récoltant les pommes de terre.

Le papillon est redouté des apiculteurs car, s'aidant de sa trompe rigide courte, il perce les cellules des ruches pour en aspirer le miel (mais les abeilles parviennent parfois à le neutraliser !). L'ornementation de son abdomen évoque celle d'un frelon géant !
Au repos, ce sphinx déploie ses ailes en toit le long du corps et, si on veut le saisir, il peut couiner (stridulation de segments abdominaux), ce qui peut surprendre le temps qu'il s'enfuie…

88 À défaut d'Isabelle, peut-on voir Cynthia ?

Vraiment, vous aurez beau chercher, vous ne croiserez jamais l'isabelle à Paris ! Dommage, car elle est fort belle, dans sa robe transparente ornée d'ocelles et de rayures chatoyantes…
Mais vous pourrez rencontrer la cynthia, qui n'est pas laide non plus, avec un authentique charme oriental…
De quoi parle-t-on ici ?
Il s'agit évidemment de papillons nocturnes appartenant à la famille remarquable des saturnides (bombyx des Anciens) (Saturniidae), dont peu de représentants vivent en Europe, mais qui se distinguent par leur grande taille et leur livrée spectaculaire.
Donnée ici pour l'anecdote, l'isabelle *Graellsia isabellae* (Graëls) ne vit que dans les montagnes du sud, mais une espèce autochtone de grande taille (jusqu'à 15 cm d'envergure) peut

Isabelle fraîchement éclose, merveille du matin rose…

se trouver dans nos jardins (elle remonte vers le nord jusqu'à Paris où elle est protégée), il s'agit évidemment du grand paon de nuit *Saturnia pyri* (Denis et Schiffermüller). Son énorme chenille verruqueuse verte se développe sur divers arbres, dont le cerisier et l'amandier, et son cocon fibreux impressionnant est souvent caché sous le rebord des murs.

On l'observe de mars à juin (selon la latitude et l'altitude), qui vole lourdement comme une drôle de chauve-souris myope incapable de voir les lampadaires devant les jardins où la chenille s'est développée, et que l'on retrouve parfois au matin tombé sur le sol où des chats, jadis perchés, s'étonnent devant une telle proie en papier crépon...

Le petit paon de nuit *Saturnia pavonia* (Linnaeus) lui ressemble, mais il est plus petit (45 mm d'envergure) : le mâle diurne vole vigoureusement au-dessus des broussailles à la recherche de femelles, en plein soleil mais jusqu'en soirée. Il est plus difficile à observer dans le jardin.

Dans Paris, localement sa banlieue (Champigny-sur-Marne, par exemple) et à Bordeaux, le bombyx de l'ailante *Samia cynthia* (Drury), originaire d'Orient et importé au XIXe siècle pour remplacer (sans succès) le ver à soie, s'est miraculeusement maintenu de lui-même depuis lors, sa chenille se nourrissant du feuillage de l'ailante (*Ailanthus glandulosa*), plante invasive importée à la même période.

Ce remarquable papillon vert olive et rose, orné de lunules hyalines, est fréquemment capturé en juin par des Parisiens qui l'offrent, tout impressionnés, aux honorables savants du Muséum de Paris qui ne savent point trop quoi en faire (depuis le temps qu'on leur en apporte !)...

89 Citronnelle rouillée, zérène du groseillier... quel est ce bric-à-brac ?

Quelques jolis papillons de nuit aux chenilles peu exigeantes en matière de nourriture parviennent à se maintenir dans beaucoup de jardins. Il s'agit d'espèces communes près des habitations qui, outre un nom latin, ont très vite reçu un nom « vernaculaire » né de l'imagination de leur descripteur initial...

Cela donne, par exemple, la citronnelle rouillée *Opisthograptis luteolata* (Linnaeus), la brocatelle d'or *Camptogramma bilineata* (Linnaeus), la zérène du groseillier *Abraxas grossulariata* (Linnaeus) et l'himère-plume *Colotois pennaria* (Linnaeus), toutes les trois de la famille des Geometridae !

La citronnelle rouillée est un très joli papillon nocturne essentiellement jaune vif avec des petites taches « rouillées » brun-rouge. Elle se développe sur de nombreuses sortes d'arbuste d'où il est facile de la débusquer durant la journée.
La brocatelle d'or n'est pas rare non plus dans les jardins et les haies, et sa chenille se rencontre sur diverses plantes basses. En y regardant de près, on constate que les nombreuses lignes transversales parallèles, en partie anastomosées (qui tangentent), évoquent bien une étoffe, fait que suggère le nom vernaculaire (une brocatelle étant une étoffe conçue à la manière des brocarts, c'est-à-dire à base de soie et rehaussée de dessins brochés d'or et d'argent !).
La zérène du groseillier vit bien sur cette plante (plus justement sur le genre *Ribes*), mais également sur le prunellier et l'aubépine. Chenille et papillon ont une ornementation semblable (blanc, noir et orangé), ce qui est un cas assez exceptionnel chez les lépidoptères...
Jadis redoutée dans les jardins car sa chenille s'attaque au groseillier, cette belle espèce s'est largement raréfiée au point de manquer localement. Il serait dommage de tenter de l'éradiquer...

Jolie zérène, un jour tu seras reine !

L'himère-plume (aux antennes du mâle longuement plumeuses) est un papillon nocturne de fin d'automne dont la chenille en forme de brindille vit sur divers feuillus. Du fait qu'il n'est pas rare, vole en début de nuit (même sous la pluie) et se pose volontiers sur les feuilles mortes, on en observe souvent dans la lumière de la maison et éventuellement du jardin. C'est un bel agrément des haies aux couleurs de l'automne…

90 Phalènes et hibernies sont-elles vraiment défeuillantes ?

Il est un fait avéré que plusieurs phalènes (lépidoptères Geometridae) défeuillent régulièrement les arbres, et parfois même ceux du jardin. Parmi celles-ci, les plus voraces sont des espèces qui, à l'état adulte, peuvent passer totalement inaperçues, même si les adultes sont en fait très communs. Il s'agit des phalènes hivernales dont la période de vol s'échelonne de novembre à février !

L'hibernie défeuillante *Erannis defoliaria* (Clerck) est probablement l'un des papillons les plus communs en France. Pourtant, à l'état adulte, elle passe pratiquement inaperçue du grand public. Plusieurs raisons à cela. D'abord, elle vole de fin octobre à février, elle est nocturne, et ensuite son ornementation de couleur terne (très variable) évoque les feuilles mortes (ce qui est logique). Cette dernière remarque ne concerne cependant que le mâle puisque la femelle, totalement dépourvue d'ailes, évoque une petite araignée et reste sur les troncs.

Phalène hivernale, tu voles dans la grisaille…

Mais sa chenille arpenteuse brun-jaune est omniprésente au printemps dans les haies comme sur les arbres isolés (les pommiers, par exemple), et il n'est pas rare que des arbustes soient totalement défeuillés.

Pour endiguer l'expansion de ce papillon, on installe traditionnellement des bandes-pièges engluées autour des troncs. Et il est connu par ailleurs que la pose de nichoirs

attirant des oiseaux comme les mésanges incite ces derniers à se servir sur place et à limiter ainsi le nombre de chenilles. Plusieurs espèces proches à biologie semblable volent plutôt en février-mars.
La phalène brumeuse (ou cheimatobie hiémale) *Operophtera brumata* (Linnaeus) est une autre grande « défeuillante » dont les adultes peuvent pulluler en novembre-décembre, sans que personne ne s'en aperçoive. Ces papillons nocturnes volent en tout début de nuit et s'accouplent dès que la température dépasse les 5 °C ! On constate la présence de chenilles vert jaunâtre de cette espèce en inspectant les arbres fruitiers (pommiers, poiriers, noisetiers, mais groseilliers également) au moment du débourrement, et ensuite les chenillettes dévorent les bourgeons, puis les fleurs et les feuilles. Elles les tissent de liens lâches avec des fils de soie, s'attaquant même aux tout jeunes fruits, notamment les pommes dans lesquelles elles forent des trous profonds. La nymphose a lieu dans le sol au pied des arbres. Les femelles aux ailes réduites à des moignons grimpent sur les troncs pour aller pondre sur les branches. Et c'est pourquoi on pose en octobre des bandes de glu sur les troncs des arbres fruitiers : les pondeuses se trouvent piégées avant d'avoir pu pondre.

91 Quels sont ces petits insectes qui volètent sur mes haies ?

Si l'on veut bien y prêter attention, de nombreux petits insectes volètent dans nos jardins. Selon l'heure et la période de l'année, en effet, une foule de petites bêtes apparaissent l'espace d'un instant ou au contraire tendent à revenir chaque jour.
Par de belles soirées estivales, il arrive, même en ville, que des nuées de petits insectes prématurément associés à des mouches s'abattent sur le jardin. Il s'agit généralement de nuées de fourmis volantes en train d'essaimer lors de leur vol nuptial.
Au tout début du printemps, durant les premières belles journées, de nombreux moucherons noirs se remarquent à contre-jour. Si l'on arrive à en capturer, Ô surprise, il s'agit en fait de petits coléoptères, des staphylins (Staphylinidae) qui sortent de leur hivernage dans le tas de compost...
Si votre jardin conserve un peu de prairie, il se peut qu'en juin, au crépuscule, apparaissent des petits fantômes blancs qui s'agitent dans la pénombre : ce sont des mâles de l'hépiale du

Une hépiale fréquente en fin d'été...

houblon *Hepialus humuli* (Linnaeus) (Hepialidae), dont le remarquable vol nuptial précède l'accouplement avec les femelles. La chenille de ces lépidoptères se nourrit de racines de plantes herbacées.

Les vols nuptiaux de diptères ne sont pas rares mais très limités dans le temps. Ils peuvent constituer des genres de petits nuages aux formes changeantes (ce sont parfois des colonnes de plusieurs mètres de haut !). Seul un spécialiste peut déterminer l'espèce de moucheron concernée...

Au printemps et en été, il est fréquent que des petits papillons blancs volètent autour des haies en soirée et au crépuscule. Il s'agit généralement de la voisine *Idaea seriata* (Schrank) (Geometridae), également nommée « la vieillie », dont la chenille est totalement inoffensive puisqu'elle se développe sur les feuilles fanées ou desséchées.

On peut aussi voir voler de drôles de guêpes étroites aux longues antennes qui semblent ausculter le feuillage. Il s'agit en fait d'hyménoptères parasites (Ichneumonidae) qui recherchent des proies pour pondre dessus (ou dedans). Leur présence n'est pas négative, puisque ces insectes contribuent, avec de plus petits parasitoïdes, à restreindre les populations de chenilles et autres larves ravageuses.

Enfin, de nombreuses éristales (diptères Syrphidae), volant verticalement ou sur place, viennent parader au soleil, ce sont les préliminaires aux accouplements. Il est fréquent qu'on les prenne pour des abeilles car leur livrée est très semblable.

92 Mais d'où proviennent ces traces et vésicules sur les feuilles de mes arbres ?

Il n'est pas rare que les feuilles des arbres et des arbustes du jardin présentent des traces claires de formes diverses. Lorsqu'il y en a beaucoup, cela peut enlaidir le feuillage et éventuellement l'affaiblir. Mais de quoi cela provient-il ?
Si l'on exclut les éventuelles maladies cryptogamiques, il s'agit de l'action de petits insectes phytophages dont la larve se développe à l'intérieur du parenchyme (plus rarement l'épiderme) des feuilles. Hyménoptères, coléoptères, diptères, et surtout lépidoptères peuvent pratiquer ce type de nutrition.
De nombreuses espèces de lépidoptères « mineurs » peuvent s'observer sur les arbres fruitiers et arbustes ornementaux les plus fréquents. Ainsi, la mineuse du pommier *Lyonetia clerkella* (Linnaeus) (Lyonetiidae) (sur pommier, mais aussi sur cerisiers et autres feuillus) a une minuscule chenille dont le développement se passe entièrement dans une feuille. La mine, à la face supérieure de celle-ci, démarre près de la nervure principale puis traverse le limbe en s'élargissant progressivement. Plusieurs mines par feuille peuvent entraver la circulation de la sève. Cette mine proportionnellement longue est bien visible. La nymphose a lieu dans le sol où la chenille mature se laisse tomber. Le minuscule papillon (8 à 10 mm d'envergure), aux ailes

Mines des feuilles de marronnier causées par la minuscule teigne de cet arbre !

plumeuses très étroites, est blanc et joliment orné de stries vers l'apex. Il y a jusqu'à quatre générations par an.

La mineuse du prunier *Stigmella prunetorum* (Stainton) (Nepticulidae) est une toute petite espèce dorée dont la chenille se développe en mineuse sur les feuilles du prunier. Cette espèce se distingue d'un grand nombre de congénères par le parcours singulier de sa chenille dans le parenchyme des feuilles. Partant d'un point du limbe, en effet, elle trace un parcours où les passages successifs se côtoient en spirale...

La mineuse du peuplier noir *Phyllocnistis unipunctella* (Stephens) (Gracillariidae) est une espèce plutôt commune sur le peuplier d'Italie et ses hybrides. Sa chenille se distingue par le fait que son développement s'effectue dans l'épiderme des feuilles et non dans le parenchyme. La mine en elle-même évoque ainsi les traces du passage d'une limace !

On peut généralement déterminer l'espèce qui a laissé la mine sans même l'avoir vue, par la forme de celle-ci et par l'identification de la plante-hôte. Chaque mine est ainsi la « carte de visite » de l'animal concerné...

Jolie brindille fleurie de prunier avant l'attaque de la mineuse !

C'est un jardin extraordinaire...

93 Pourquoi trouve-t-on des espèces rares dans les jardins ?

Lors d'un inventaire des lépidoptères du jardin des Plantes de Paris, lequel a été achevé récemment, 285 espèces étaient recensées, soit quelque 5 % des lépidoptères connus de France...
En plein Paris, avec très peu d'espace réservé à la végétation vraiment naturelle, ce nombre est quelque peu impressionnant et donc, toutes proportions gardées, on peut estimer que les jardins, surtout anciens, conservent une faune encore variée.
Deux raisons principales peuvent participer au maintien d'une telle biodiversité dans les jardins, nonobstant des variantes inévitables dues au climat et à la gestion du jardinier.
Tout d'abord, la richesse originelle du lieu en termes de biodiversité, et ensuite, l'importance du renouvellement des espèces par introductions accidentelles ou migrations.
Ainsi, si des vieux arbres sont conservés, comme des tilleuls ou des chênes, la faune qui s'y développait avant l'intensification de l'urbanisation peut s'y être maintenue, tandis que partout alentour elle a disparu depuis bien longtemps. C'est le cas désormais classique du coléoptère *Rhamnusim bicolor* (Schrank) (Cerambycidae) qui se maintient depuis près d'un

siècle dans les cavités des marronniers du jardin du Luxembourg à Paris (on le retrouve aussi dans le parc d'HEC à Jouy-en-Josas) ! Le maintien de vieux murs dotés de mousses et de plantes pariétales peut constituer également un refuge pour des espèces qui s'y abritent ou s'y développent.

L'installation, ou juste le passage, d'espèces migratrices ou erratiques dans les jardins est désormais bien connue. C'est le plus souvent de jour, en inspectant les fleurs, qu'on aperçoit des petites bêtes qui nous paraissent quelque peu singulières. Ainsi, dans un jardin de la ville de Torcy (Seine-et-Marne), il m'est arrivé d'observer un exemplaire d'un silène *Brintesia circe* (Fabricius) (Nymphalidae) posé sur un tronc de cerisier, papillon diurne qui normalement ne se rencontre qu'en régions méridionales (mais on sait qu'il remonte actuellement vers le nord, profitant du réchauffement climatique)...

Nombre de ces petites bêtes ont un statut très précaire dans les jardins, et leur maintien dépend surtout de la façon dont le jardinier décide de gérer la terre. Qu'il éradique le gui qui croît sur ses pommiers ou ses peupliers, et la petite sésie du gui *Synanthedon loranti* (Kralicek), qui se développe dans les crampons de cette plante, disparaît !

94 La pyrale du buis, encore une espèce « bien de chez nous » ?

Sans remonter au temps des Gaulois, ni même au Moyen Âge, sait-on vraiment ce qui se rencontrait dans nos jardins cent années avant que l'illustre Linné (Linnaeus) établisse son *Systaema Naturae* (1758), dans lequel toutes les formes vivantes alors connues sur Terre étaient recensées ?

En France, du temps des derniers rois où Emmanuel Le Roy Ladurie a situé le Petit âge glaciaire (PAG), peut-être que des papillons comme les *Parnassius* des montagnes s'attardaient encore sur les collines de Montmartre… La notion d'espèces autochtones se réfère donc essentiellement aux premiers inventaires du XVIIIe siècle…

Ainsi, nombre d'espèces observées en Europe récemment et inconnues auparavant ont souvent le statut d'espèces envahissantes. Cela est vrai pour les plantes (comme l'ailante, le robinier et les buddleias), mais aussi pour toutes sortes d'animaux : mollusques, vers, insectes, etc.). Chez ces derniers, de nombreux ordres sont concernés : hémiptères (punaises, pucerons, cochenilles, psylles), coléoptères (comme la coccinelle asiatique), lépidoptères, diptères, etc.

Pour se restreindre ici aux lépidoptères, on peut citer deux « arrivages » récents : la mineuse du marronnier *Cameraria ohridella* (Deschka & Dimic) (Gracillariidae) et *Cydalima perspectalis* (Hübner) (Crambidae).

Encore inconnue avant sa description en 1986, fondée sur des spécimens récoltés dans les Balkans, la mineuse du marronnier s'est répandue en quelques années dans toute l'Europe au cours des années suivantes. Cette toute petite espèce, dont la chenille minuscule se développe à l'intérieur du parenchyme des feuilles de marronnier, s'est révélée dévastatrice car elle défeuille totalement les marronniers et favorise peut-être dans le même temps des infections par des chancres bactériens. Pour la combattre, il semble que les pièges à phéromones soient les plus efficaces.

Pyrale du buis, une orientale joliment parée

La pyrale du marronnier est apparue en Europe beaucoup plus récemment, mais était déjà connue en Chine dès 1859. Ce joli papillon noir et blanc lustré a été signalé initialement en Suisse, mais sa mention en France remonte à seulement 2008 (d'abord en Alsace, puis près de Paris, dans l'Ouest et dans le Midi). Du fait que sa chenille (de belle taille au stade adulte) se développe sur le buis (notamment ornemental), elle s'est très bien adaptée aux jardins. Ce papillon nocturne est souvent attiré par les lumières et on en trouve, par exemple, à Paris écrasés sur le trottoir !

95 Qu'est-ce que la biodiversité dans un jardin ?

Pour les êtres vivants de petite taille, un jardin est avant tout une partie d'un espace plus vaste doté de toutes sortes de caractéristiques (végétation actuelle, nature du sol, exposition des lieux, climat local, latitude), qu'ils cherchent à coloniser (sans tenir compte des notions humaines de propriété !).

Comme partout sur Terre, la nourriture y est contingentée et la concurrence est la règle. Certains paramètres, comme la latitude ou la végétation qui croît, éliminent d'emblée certaines espèces, tandis que d'autres les favorisent.

Myope comme une taupe qui obéit au doigt et à l'œil

Quand le jardin est cultivé ou entretenu d'une manière stable, un certain nombre d'espèces parviennent à s'établir et un équilibre écologique provisoire se met en place.

Oiseaux (merles, pies, mésanges, pigeons, moineaux, rapaces nocturnes), petits mammifères (hérissons, taupes, fouines, renards, etc.), reptiles (orvets, lézards et couleuvres, geckos dans le Midi) et amphibiens (tritons, grenouilles et crapauds) constituent les prédateurs naturels de toutes les petites bêtes.

Dans l'idéal, ces animaux contribuent activement à la limitation des effectifs, sans pour autant éradiquer totalement les espèces (sinon, ils n'auraient plus rien à manger !).

Le sol reste à la base de la biodiversité, toutes sortes de vers et larves s'y développent, et beaucoup d'espèces s'y cachent pour

hiverner ou attendre des jours meilleurs (les pluies, par exemple, pour les limaces).
La biodiversité reste cependant avant tout corrélée à la diversité des espèces végétales, et il ne suffit pas de planter de belles fleurs pour attirer les papillons (comme on le lit un peu partout), mais il faut d'abord que ces insectes trouvent dans le jardin de quoi nourrir leurs chenilles !
Dans l'idéal, le jardin offre de la nourriture à toutes les petites bêtes qui ne demandent qu'à s'installer, sans que cela entrave les cultures ou l'esthétique du jardin, tandis que les prédateurs et parasites font leur « boulot » à la place des pesticides.
Il est bon d'évoquer ici la notion d'esthétique, car l'organisation du jardin est souvent fondée sur une esthétique qui échappe pourtant à celui qui la commande.
Il est un fait que les jardins « à la française », propres et nets, favorisent moins la biodiversité que ceux « à l'anglaise » où la nature a davantage le droit de s'épanouir...

96 Peut-on observer toutes les bêtes du jardin ?

Dans le cadre du présent ouvrage, d'où mammifères, oiseaux et reptiles sont exclus (car réservés à d'autres propos), l'impression commune (comme ailleurs, et notamment dans la nature) est que certains animaux sont faciles à voir, tandis que d'autres sont introuvables.
En effet, pour survivre, beaucoup d'espèces ont adopté des tactiques qui les éloignent du regard de leurs prédateurs.
Ainsi, beaucoup d'insectes ont une activité nocturne et se cachent dans le feuillage durant la journée. C'est le cas notamment des chenilles de papillons dont la forme et la couleur les fondent dans leur environnement (certaines ressemblent à des brindilles, d'autres à des fientes d'oiseau ou à un morceau d'écorce d'arbre !). Les carabes et bien d'autres coléoptères se cachent sous les pierres ou les pots de fleurs.
Sans être strictement nocturnes (ils sortent souvent la nuit), les limaces et les escargots qui craignent les feux du soleil et ne sortent donc que par temps couvert, surtout après la pluie, intéressent de ce fait les carabes dorés (jardinières) et les silphes (coléoptères) qui s'en repaissent.
Parmi les animaux qui ne sont pas à proprement nocturnes, un grand nombre vit dans le sol et la litière et ne sont pas normalement exposés au soleil. Les cloportes se cachent sous

la moindre planche ou souche et ont tôt fait de s'enfuir quand on découvre leur retraite. Les vers de terre (lombrics) ne se manifestent à la surface que pour excréter leurs turricules (« tortillons ») de terre, mais les merles (sans parler des taupes) ont tôt fait de les repérer. Fait étonnant, ces déjections terreuses contiennent davantage d'humus et de sels minéraux que la terre environnante (trois fois plus de calcium et de magnésium, quatre fois plus d'azote, sept fois plus de phosphore et onze fois plus de potasse).

D'autres animaux vivent (au moins leurs larves) à l'intérieur des végétaux. C'est le cas, par exemple, des espèces gallicoles dont les larves produisent des renflements du tissu de la plante à l'intérieur de laquelle ils se développent (comme le bédégar du rosier). C'est aussi le cas des larves de coléoptères ou lépidoptères xylophages qui vivent dans les troncs ou les branches, pour n'en sortir qu'à l'état adulte.

Tous les collemboles, nombre d'acariens, et une foule de microcoléoptères se développent dans la litière, aussi mince soit-elle, et il faudrait la tamiser pour que ces animalcules soient enfin débusqués.

Enfin, si on ne traite pas ici des animaux microscopiques de la taille de la paramécie, beaucoup d'animaux passent finalement inaperçus juste en raison de leur taille exiguë. C'est, par

exemple, le cas des protoures et des diploures du sol et de la litière, et des hyménoptères hyperparasites (ceux qui parasitent des insectes déjà parasites eux-mêmes).
En résumé donc, il faut suffisamment d'équipement et de curiosité pour avoir accès à la biodiversité du jardin…

97 Peut-on trouver des hôtels de charme pas chers dans le jardin ?

Jadis, avant que l'homme puisse éradiquer sans pardon toutes les petites bêtes (et les grosses) de la Terre, commensaux de tous poils et de toutes plumes cherchant auprès des habitations nourriture et abris pour se protéger des rigueurs de l'hiver, naguère disais-je, une foule de pique-assiette bigarrée et bourdonnante profitait du *Laboureur et ses Enfants* ou du *Meunier, son Fils et l'Âne*….
Les récoltes se suivaient et ne se ressemblaient guère, ce qui exacerbait le goût de l'épargne par crainte des disettes. Les Français ont semble-t-il gardé ce trait de caractère, mais leurs agriculteurs craignent désormais surtout les marchés à terme et l'agroalimentaire industriel.
Et aujourd'hui, tandis que les « rurbains » ne supportent parfois plus, ni le chant du coq, ni celui

Hôtel à insectes bien confortable et peu onéreux…

des crapauds en chaleur, les insectes sont plus que jamais incités à loger chez l'habitant.
Car la biodiversité a droit de cité, et on installe dans les banlieues des chambres d'hôtes pour le repos des abeilles sauvages (Apidae) et autres insectes opportunistes.
« Constitué de compartiments reconstituant la diversité des micro-habitats prisés par les abeilles sauvages, l'hôtel est un condensé de nichoirs propices à leur vie », peut-on lire en milieu bien informé !
Pour attirer et accueillir d'autres types d'animaux, on peut aussi disposer dans le jardin des tas de bûches ou des fagots (qu'on peut même enterrer partiellement). Si on est vraiment décidé, on peut laisser le bois se décomposer et favoriser l'apparition de champignons de souche, une foule de petits coléoptères, de diptères, d'araignées et autres millepattes viendront s'y réfugier...
Mais si on veut vraiment que la biodiversité du jardin ait un sens, rien ne remplace un petit carré de nature « sauvage » (espace non tondu ni traité) où, au gré des années, nouvelles plantes et petites bêtes apparaîtront. Les fleurs du type buddleias (arbres à papillons) attirent certes des insectes, notamment quelques papillons, mais ne nourrissent pas leurs larves et ne contribuent donc pas à l'enrichissement de la biodiversité. Le lierre en fleur, en revanche, nourrit beaucoup d'insectes adultes en prévision de l'hiver.

98 La météo et les saisons jouent-elles sur la présence des petites bêtes ?

Il suffit de fréquenter un minimum le jardin pour constater que, selon les saisons, on n'observe pas les mêmes petites bêtes. Pourtant, en soulevant des pierres et autres objets sur le sol, on a l'impression de voir toujours les mêmes araignées ou la même famille de cloportes. C'est un peu le cas, mais on remarque vite qu'en hiver rien ne circule, tandis qu'en été ça peut grouiller de partout.
Tout l'hiver, quand il gèle, la terre est dure (au moins en surface) et les petites bêtes hivernent dans le sol à divers stades et à des profondeurs variables. C'est les cas, par exemple, des limaces et des escargots qui se sont enterrés. Beaucoup d'insectes passent l'hiver à l'état de larves ou même d'œufs (le stade le plus résistant). Un certain nombre d'insectes particulièrement résistants hivernent à l'état adulte sous les écorces, dans les bâtiments

non chauffés, ou même dans les feuilles sèches (quelques papillons, des chrysopes, des mouches et des punaises).
Cependant, lors des redoux hivernaux, plusieurs espèces d'insectes apparaissent et se reproduisent. C'est le cas des phalènes hivernales et de diptères comme les trichocères (Trichoceridae), dont les mâles forment des essaims en tout début de nuit. Ces insectes évoquant de petits moustiques ont des larves qui se développent dans les matières organiques en décomposition.
Au premier printemps, diptères, punaises (dont les gendarmes), papillons et petits coléoptères (comme les staphylins) font leur apparition. Progressivement, tout le petit peuple du jardin s'éveille et hannetons, cétoines, syrphes se rencontrent sur les fleurs. Les escargots et les limaces sont en balade à la moindre pluie, de même que les vers de terre et les myriapodes. De sorte que, fin juin, le summum de la biodiversité du jardin est atteint (l'expérience montre en effet que c'est vers la Saint-Jean qu'il y a le plus d'espèces en état de se reproduire).
Durant l'été, s'il fait bien chaud, certaines espèces observent une diapause, puis reparaissent avant l'automne, et progressivement la biodiversité s'étiole jusqu'aux pluies des équinoxes.

Cette dernière saison voit l'apparition d'un bon nombre d'espèces spécifiques, notamment des papillons de nuit aux ailes couleur de feuille morte. Beaucoup de petites bêtes s'enterrent dans le sol ou disparaissent. Puis la diapause hivernale se remet en place.

Voir aussi les questions 15 et 90

99 Existe-t-il un jardin idéal ?

Pour répondre à cette question, il faut d'abord savoir ce qui est visé dans la possession d'un jardin.
Dans les banlieues, un jardin est le plus souvent une petite surface de terre qui agrémente la maison et qui permet accessoirement de manger dehors et de recevoir ses amis ou sa famille lors du sacro-saint barbecue. Dans cette optique, la seule contrainte est la tonte régulière de la pelouse et la taille des haies (pour ne pas que cela « fasse sale »). On y voit quelques fleurs traitées contre les pucerons et un chien qui monte la garde et piétine tout.
Les jardins ouvriers restent le fief des potagers où les légumes nourrissent encore son homme, ce qui n'exclut pas les petites parties de boules et les barbecues entre amis.

Viens-tu ma poule faire un tour au jardin ?

Dans les villes où des jardins de Babylone sont en suspension entre le ciel pollué et les appartements, on découvre des taïgas de bouleaux nains, des jardins exotiques, des potagers pillés par les pigeons, des ruches improbables, et de beaux bobos en tenue de jardinier vintage.
Dans les campagnes, les jardins sont plus grands et tout n'est pas forcément cultivé, la biodiversité y est naturellement plus grande (sauf aux abords des vignobles encore sulfatés *via* des hélicoptères, comme en Champagne localement, d'ailleurs est-ce bien légal ?).
Mais pour qui entend s'intéresser aux petites bêtes, le jardin idéal est celui qui favorise la biodiversité, sans que cela ne s'oppose aux cultures et aux loisirs de plein air.
Si la surface du jardin est importante (la faune d'un balcon est forcément moindre que celle de quelques hectares !), son exposition et la nature du sol le sont également. Ainsi, un jardin au sol assez léger, modérément calcaire, bien drainé et exposé au sud-ouest attirera une faune bien plus diversifiée, surtout si des haies bien placées coupent le vent et offrent suffisamment d'ombre en été.
On peut aimer la pelouse, simplement pour l'esthétique ou pour s'y prélasser, mais comme elle n'est composée que d'une unique espèce végétale, la biodiversité qui y réside est très restreinte. De même, si on veut que la culture des légumes soit à tout prix rentable, et que les fleurs soient toutes parfaites, il faudra « traiter à mort ». En conséquence, point de petites bêtes (mais attention aux pullulations non prévues de ravageurs libérés de leurs prédateurs naturels tous occis !). Mais si on veut favoriser à tout prix la biodiversité du jardin, celui-ci devient une réserve naturelle peu apte aux cultures et aux loisirs.
Le bon choix me paraît donc le moyen terme représenté par la culture « biologique » : peu ou pas de pesticides, techniques biologiques traditionnelles ou de pointe ayant fait leurs preuves, récoltes modérées mais bonnes et des petites bêtes pour agrémenter le tout.

100 Mon jardin peut-il encore m'offrir des surprises ?

De même que, lorsque le climat est favorable, on peut admirer de jour en jour les fleurs et les légumes qui se développent et de petites escapades dans le jardin permettent de faire des observations ponctuelles aussi nombreuses qu'imprévisibles.

Ainsi, le matin, il arrive qu'on découvre des toiles d'araignées chargées de rosée. On n'avait rien vu la veille, mais aujourd'hui le groseillier en est recouvert, demain on ne peut pas affirmer qu'il en subsistera quelque chose…

Cet après-midi, les buddleias en fleurs sont recouverts de jolis papillons, et je suis sûr qu'hier il n'y en avait pas un seul. Normal : une migration de vanesses, en l'occurrence de belles dames *Vanessa cardui* (Linnaeus), s'est abattue dans la région. Parfois, il peut s'agir du souci *Colias crocea* (Geoffroy), jolie piéride orangée (Pieridae) qui effectue des migrations épisodiques, mais « pas de soucis », cette espèce n'occasionnera aucun dégât car elle se développe loin d'ici.

Cet automne, tandis que des coprins chevelus et des mousserons croissaient sur ma pelouse, des dizaines de gros insectes aux longues pattes voletaient lourdement en rasant les mottes. Il s'agissait en fait de la tipule des prairies *Tipula paludosa* (Meigen), assez fréquente en cette saison par temps humide.

De nombreuses libellules jaune doré à rouge foncé ou brun passent ou se posent momentanément en ce moment dans le jardin. Après information, il s'agirait du sympétrum strié *Sympetrum striolatum* (Charpentier), bien connu pour ses migrations épisodiques.

Comme chaque automne, je remarque en abondance près des haies un tout petit escargot (2,5 à 3 mm de haut, et 4 mm de large) à la coquille très fragile jaune verdâtre et transparente. Il est absent le reste de l'année car il se dessèche tout de suite au soleil !

Contrairement à ce que je pensais initialement, il existe plusieurs espèces de vers de terre (lombrics) dans mon jardin. Le classique *Lumbricus terrestris* Linnaeus (13 à 25 mm de long) est le plus grand et le plus commun, sa peau est nettement nacrée, le dos est brun-rouge ou violet et son ventre est orangé. Il gonfle la partie postérieure du corps et progresse à reculons quand on le touche, tandis que dans le compost ou le fumier, le ver du fumier *Eisenia foetida* (Savigny), de 5 à 10 cm de long, qui contribue activement au compostage des matières organiques, est rouge-brun avec des anneaux jaune clair sur le dos. Il se tortille quand on le manipule et sécrète un liquide fétide. Cette espèce prolifique est vendue pour le compostage et aussi comme appât pour la pêche à la ligne…

Tu les aimes ces petites bêtes?
Oh oui, mon chou !

100 clés pour comprendre les petites bêtes du jardin

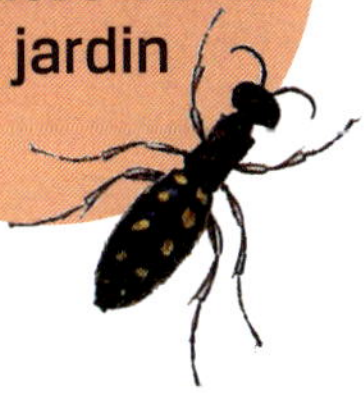

Les petites bêtes, c'est tout bête...

Vers divers, araignées et autres mille-pattes...

Le lion, la jardinière et le cousin...

Faire mouche et frôler les frelons...

Sous le signe du capricorne

C'est un jardin extraordinaire...

Crédits photographiques

Question 1 : © Anne-Lise Prodel
Question 2 : © Inra (9060-0052), Benoît Sauphanor
Question 3 : © Bruce (SuperFantastic)
Question 4 : dessin de Patrice Leraut
Question 5 : © Gilles San Martin
Question 7 : © Thomas Bresson (ComputerHotline)
Question 8 : © Donald Hobern (dhobern)
Question 9 : © Donald Hobern (dhobern)
Question 10 : © gailhampshire
Question 11 : © Karoly Lorentey (lorentey)
Question 12 : © Eran Finkle
Question 13 : © Donald Hobern (dhobern)
Question 14 : © Inra (9145-0032), Jean-Marie Bossenec
Question 15 : © Anders Sandberg (Arenamontanus)
Question 16 : © Johann Dréo (nojhan)
Question 17 : © Anne-Lise Prodel
Question 18 : © Inra (2319-0003), Alain Beguey
Question 19 : © Inra (2319-0004), Alain Beguey
Question 20 : © Kristine Paulus
Question 21 : © Peter aka anemoneprojectors
Question 22 : © gailhampshire
Question 23 : © Bee Smith (bee77)
Question 24 : © gailhampshire
Question 25 : © Inra (0009-0096), Jacques Barthes
Question 26 : © Inra (9118-0098), Serges Carré
Question 27 : © Richard Toller (richardrichard)
Question 28 : © Gilles San Martin
Question 29 : © John Tann
Question 30 : © David Evans (dave-pemcoastphotos.com)
Question 31 : © Inra (9004-0032), Christian Laumond
Question 32 : © Carlos Romo (.Cromo.)
Question 33 : © skyfotostock – Fotolia.com (44262830)
Question 34 : © Inra (0961-0078), Louis Vidal
Question 35 : © D McG (Generalnoir)
Question 36 : © OliBac
Question 37 : © Acid Pix
Question 38 : © Udo Schmidt (urjsa)
Question 39 : © Inra (9060-0060), Remi Coutin
Question 40 : © Inra (9139-0031), Marie-Christine Lhopital
Question 41 : © Donald Hobern (dhobern)
Question 42 : © Inra (9030-0172), Charles Putz
Question 43 : © Joan Quintana (joanillo)
Question 44 : © Inra (9102-0017), Bastien Castagneyrol
Question 45 : © Jörg Hempel
Question 46 : © ichteostega
Question 47 : © Thomas Bresson (ComputerHotline)
Question 48 : © Inra (9117-0051), Pascal Thiebau
Question 49 : © Gilles San Martin
Question 50 : © Udo Schmidt (urjsa)
Question 51 : © Arntein Rønning (Eaglestein)
Question 52 : © Daniel Strömbom
Question 53 : © Inra (9118-0149), Nicolas Morison
Question 54 : © Inra (0030-0009), Remi Coutin et Nicole Hawlitzky
Question 55 : © gailhampshire
Question 56 : © Inra (9500-0344), Marie-Christine Lhopital
Question 57 : © Inra (9106-0082), Denis Thiery et Nevile Maher
Question 58 : © Inra (9500-2214), Marie-Christine Lhopital
Question 59 : © Inra (9062-0023), Serge Carré
Question 60 : © Inra (0023-0032), Benoît Sauphanor
Question 61 : © João Coelho

Question 62 : © Jean-Raphaël Guillaumin
Question 63 : © Inra (9500-0280), Marie-Christine Lhopital
Question 64 : © Inra (2132-0017), Serge Carré
Question 65 : © Inra (9106-0079), Bernard Chaubet
Question 66 : © Inra (9069-0045), Benoît Sauphanor
Question 67 : © Inra (9057-0004), Jacques Brun
Question 68 : © timitalia
Question 69 : © Inra (4368-0087), Jacques Gambier
Question 70 : © Inra (9500-0354), Pascal Thiebeau
Question 71 : © Inra (9117-0064), Pascal Thiebeau
Question 72 : © Inra (9060-0009)
Question 73 : © Udo Schmidt (urjsa)
Question 74 : © Emilian Robert Vicol (public Domain Photos)
Question 75 : © Ettore Balocchi
Question 76 : © Udo Schmidt (urjsa)
Question 77 : © Thomas Bresson (ComputerHotline)
Question 78 : © Donald Hobern (dhobern)
Question 79 : © jacinta lluch valero (jacilluch)
Question 80 : © Forest and Kim Starr (Starr Environmental)
Question 81 : © dessin Patrice Leraut
Question 82 : © romantiche – Fotolia.com (46268119)
Question 83 : © Robert Pittman (bobchin1941)
Question 84 : © dessin Patrice Leraut
Question 85 : © dessin Patrice Leraut
Question 86 : © dessin Patrice Leraut
Question 87 : © Inra (9025-0006), André Delplanque
Question 88 : © Inra (9025-0079), André Delplanque
Question 89 : © Kenny Murray
Question 90 : © Donald Hobern (dhobern)
Question 91 : © Donald Hobern (dhobern)
Question 92 : © Inra (9012-0128), Sylvie Augustin et (8019-0013), Anne-Hélène Cain
Question 93 : © dessin Patrice Leraut
Question 94 : © yakovlev.alexey
Question 95 : © Joseph Sardin
Question 96 : © dessin Patrice Leraut
Question 97 : © adater2013
Question 98 : © dessin Patrice Leraut
Question 99 : © hardworkinghippy
Question 100 : © dessin Patrice Leraut

P. 5 : coccinelle Table des matières © Alekss – Fotolia.com (43106021)
P. 6 : © petr348 – Fotolia.com (48187051)
P. 9 : © andrew33 – Fotolia.com (57753449)
P. 10 : dessin de Patrice Leraut
P. 11 : © viter – Fotolia.com (53011216)
P. 31 : © Jürgen Fälchle – Fotolia.com (55975608)
P. 65 : fourmi © Bob Peterson (bob in swamp)
P. 87 : frelon © Tony Hisgett (ahisgett)
P. 113 : papillon © Jean-Raphaël Guillaumin
P. 141 : © Jag-cz – Fotolia.com (23572647)
P. 154 : © viter – Fotolia.com (52536013)
P. 158 : dessin de Guillaume Leraut

Photo en 1re de couverture : © Andrea Kusajda – Fotolia.com (34969499)

Coordination éditoriale et édition : Anne-Lise Prodel
Maquette, couverture et mise en pages : Gwendolin Butter

Imprimeur : BETA Barcelone

Dépôt légal : février 2014

PEFC certifié
Ce produit est issu de forêts gérées durablement et de sources contrôlées
PEFC
PEFC/14-38-00155
www.pefc.es